Satish Kumar Dewangan
Shobha Lata Sinha
Pankaj Kumar Gupta

Previsão Experimental do Desgaste por Erosão de Polpas Minerais

Satish Kumar Dewangan
Shobha Lata Sinha
Pankaj Kumar Gupta

Previsão Experimental do Desgaste por Erosão de Polpas Minerais

Um Ensaio Experimental de Erosão de Fluxo Líquido-Sólido (Slurry)

ScienciaScripts

Imprint
Any brand names and product names mentioned in this book are subject to trademark, brand or patent protection and are trademarks or registered trademarks of their respective holders. The use of brand names, product names, common names, trade names, product descriptions etc. even without a particular marking in this work is in no way to be construed to mean that such names may be regarded as unrestricted in respect of trademark and brand protection legislation and could thus be used by anyone.

Cover image: www.ingimage.com

This book is a translation from the original published under ISBN 978-620-2-19863-9.

Publisher:
Sciencia Scripts
is a trademark of
Dodo Books Indian Ocean Ltd. and OmniScriptum S.R.L publishing group

120 High Road, East Finchley, London, N2 9ED, United Kingdom
Str. Armeneasca 28/1, office 1, Chisinau MD-2012, Republic of Moldova, Europe
Printed at: see last page
ISBN: 978-620-8-05292-8

QUADRO DE CONTEÚDOENTS

PREFÁCIO

Este livro trata do estudo experimental de vários materiais contra diferentes tipos de lamas minerais. Estas lamas são os materiais formulados com o objetivo de transportar os minerais sob a forma de fluido através de tubagens. Isto leva ao desgaste do material da tubagem. Entre os vários tipos de desgaste, o desgaste por erosão causado pelo fluxo de lama através das tubagens é muito proeminente. Tendo em conta esta ideia, alguns dos materiais foram testados utilizando o equipamento de ensaio de erosão de lamas. As diretrizes processuais completas estarão disponíveis neste livro.

O livro é composto por quatro capítulos. O capítulo um descreve a introdução ao desgaste de tubos em escoamento de lamas. Neste capítulo, foi também efectuada uma revisão das investigações passadas e recentes. O capítulo dois aborda a montagem experimental, os parâmetros e o procedimento para a medição do desgaste por erosão de lamas. Todos os aspectos preparatórios para as medições do desgaste por erosão foram abordados. Segue-se um capítulo 3 exaustivo que explica, de forma muito elaborada, os vários resultados da perda de desgaste do material face a diferentes tipos de lamas, face a diferentes períodos de tempo e face a diferentes tamanhos de partículas, etc.

O livro termina com um resumo, objectivos futuros e uma breve descrição das investigações anteriores que foram importantes. Este livro será muito adequado para os académicos e investigadores nas áreas dos escoamentos bifásicos sólido-líquido de lamas.

Dr. Satish Kumar Dewangan

Dr. (Menina) Shobha Lata Sinha

Dr. Pankaj Kumar Gupta

RESUMO

Este livro apresenta o estudo sistemático efectuado para prever o efeito da concentração, da velocidade e da dimensão das partículas da lama no desgaste por erosão, utilizando um aparelho de ensaio da erosão da lama, e as correlações generalizadas obtidas com base nos resultados experimentais. O desgaste por erosão é calculado experimentalmente em materiais de aço macio e latão com base na remoção de massa e a perda de massa é convertida em perda de espessura do material do tubo. A perda de massa devido ao desgaste é medida por uma máquina de pesagem eletrónica com uma contagem mínima de 0,1 mg. A amostra de aço macio tem uma densidade de 9,372 kg/m^3 e uma dureza de 76,78 HRB. São utilizados dois tipos de lama, nomeadamente lama de minério de ferro-água e lama de carvão-água, com diferentes concentrações e tamanhos de partículas. São utilizadas quatro concentrações de 10%, 20% e 30% em peso. E três tamanhos de partículas são 252,5μm, 505μm e 1001,5μm. As partículas sólidas de minério de ferro e carvão são separadas em tamanho de partícula igual usando peneiras BS. A amostra de ensaio é fixada no suporte de forma a facilitar o desgaste erosivo devido ao fluxo paralelo da mistura.

Os resultados mostram que o desgaste erosivo aumenta com o aumento da dimensão das partículas e da concentração de sólidos. No entanto, o declive indica que a velocidade tem uma influência mais forte no desgaste erosivo do que o tamanho e a concentração das partículas. O estudo é efectuado para quatro velocidades (400, 700, 1000 e 1300 rpm). O estudo também prevê a vida útil esperada da tubagem de aço macio. A comparação é feita para a taxa de desgaste entre ferro e lama de carvão, à mesma velocidade, tamanho de partícula e concentração.

NOMENCLATURA

V	Velocity (m/s)
N	Rpm
C_v	Volumetric concentration
C_w	Concentration by weight
d	Particle size (mm)
T	Time (hr)
ρ	Density of work piece(g/cm3)
H_1	Eroded material hardness (HB)
H_2	Solid particle hardness (HB)
E_w	Erosion wear rate (mm/year)
$E_{w,brass}$	Erosion wear of bass(mm/year)
$E_{w,ms}$	Erosion wear of mild steel(mm/year)
a, b and c	Power index
M_S	Weight of solid particle(kg)
M_L	Weight of liquid(kg)
α_1	Angle at which wear develops
A	Impingement angle
D	Diameter of hole on specimen(m)
K	Constant

CAPÍTULO 1

INTRODUÇÃO AO DESGASTE DE TUBOS NO FLUXO DE LAMAS

1.1 INTRODUÇÃO

Enormes toneladas de misturas sólido-líquido são bombeadas a cada hora nas indústrias. O transporte de sólidos através de condutas em grande escala passou a ser aceite como a melhor alternativa possível aos modos de transporte convencionais. As condutas são normalmente utilizadas para o transporte a longa distância de diferentes materiais sólidos, como carvão, cinzas volantes, pedra de cal, rejeitos de zinco, fosfato de rocha, gilsonite, concentrado de cobre e concentrado de ferro. A mistura de partículas sólidas num líquido de transporte é conhecida como lama. As partículas sólidas e o líquido de transporte podem ser qualquer coisa; nesta tese, o líquido de transporte é a água. A lama pode ser constituída por partículas equisadas ou multisadas. Na indústria mineira, as matérias-primas são trituradas em partículas finas e misturadas com água para formar o chorume, que é transportado através de condutas. Para o transporte de lamas é necessário um tipo especial de conceção e operação de condutas devido à sua tendência para desgastar o material do tubo interior, à queda de pressão no tubo e à sedimentação das partículas. Estes problemas causam interrupções no transporte e danos nas condutas. Os danos nas condutas ocorrem sob a forma de desgaste. Para conceber um sistema de transporte de lamas, o projetista deve ter um conhecimento adequado do mecanismo de desgaste, uma vez que este afecta a vida útil da tubagem e, consequentemente, o custo da instalação.

1.2 ÁGUA DE EOSÃO DE LAMAS

Existem várias formas de descrever o desgaste. De acordo com Miller (1986), o desgaste é "a deterioração gradual de qualquer parte do sistema até ao ponto de perigo ou inutilidade". Noutro lugar, é definido como "perda progressiva de material de uma superfície devido ao contacto desta com outra substância (partícula)". O desgaste não é uma propriedade de um material, é um fenómeno do sistema.

O desgaste da lama é geralmente classificado nas seguintes categorias:

- Desgaste por erosão,
- Desgaste por corrosão, e
- Desgaste por abrasão.

O desgaste por erosão é devido à ação mecânica de partículas sólidas ou cavitações. Ocorre quando as partículas sólidas colidem/impactam contra um material alvo. Para além da ação de impacto dos sólidos, há também uma limpeza ou deslizamento das partículas contra o material alvo. De acordo com Finnie, o mecanismo de remoção de material varia consoante se trate de material dúctil ou frágil. Para o material dúctil, o desgaste ocorre por um processo de deslocamento e corte no material dúctil, enquanto que para o material frágil, a remoção de material é conseguida através da intersecção e propagação de fissuras.

Há uma série de parâmetros que afectam o desgaste por erosão da lama. O desgaste por erosão é geralmente influenciado por quatro grandes grupos de factores - propriedades do erodente, condições de fluxo, caraterísticas do fluido e do material alvo.

1. Propriedades físicas do material da partícula erodente

- Dureza
- Tamanho das partículas
- Concentração de partículas
- Forma da partícula
- Propriedade de inércia da partícula

2. Propriedades físicas do material alvo

- Dureza
- Ductilidade
- Rugosidade da superfície
- Microestrutura do material
- Resistência à fratura
- Caraterística de endurecimento por trabalho

3. Caraterísticas do fluido da lama

- Temperatura
- Viscosidade da lama

- Densidade da lama
- Valor do pH do chorume

4. Condição de fluxo da lama

- Ângulo de impacto da partícula sobre a superfície do material alvo
- Nível de impacto
- Velocidade da lama a granel
- Trajetória do fluxo de lama

A abrasão ou ação de deslizamento é definida como a ação de fricção de partículas duras contra a superfície de desgaste. É o tipo de desgaste mais comum nos equipamentos de manuseamento de lamas. O desgaste abrasivo ocorre quando o material duro flui sobre a superfície de um material relativamente menos duro e provoca a remoção do material da superfície menos dura, deixando partículas duras de detritos entre as duas superfícies de contacto. O desgaste por abrasão inclui: aferição, polimento e arranhões.

1.3 FLUXO BIFÁSICO SÓLIDO-LÍQUIDO (FLUXO DE LAMAS)

A mistura de partículas sólidas num líquido de transporte é conhecida como chorume. A combinação do tipo, tamanho, forma e quantidade das partículas, juntamente com a natureza do líquido de transporte, determina as caraterísticas exactas e as propriedades de fluxo do chorume. Quando a água é utilizada como fluido de transporte para transportar sólidos, o fluxo do chorume também pode ser designado por transporte hidráulico.

Tipos de lamas

As lamas podem ser classificadas em dois grupos gerais de tipo sedimentável e não sedimentável;

> As lamas de decantação contêm partículas grosseiras e tendem a formar uma mistura instável. Para estes tipos de lamas, é razoável adotar o modelo newtoniano. Estas pastas são classificadas como pastas heterogéneas. Devido à presença de partículas grossas, estes tipos de lamas têm propriedades abrasivas mais elevadas.

> As lamas sem sedimentação ou lamas homogéneas têm partículas muito finas que formam uma mistura homogénea. As pastas sem sedimentação têm propriedades pouco abrasivas, mas necessitam de uma análise muito cuidadosa para selecionar os requisitos de bombagem corretos. Geralmente, este tipo de lama é considerado um fluido não newtoniano por natureza.

Propriedades físicas do chorume

A reologia define as caraterísticas mais importantes do chorume. A reologia lida com a física do fluxo da matéria, particularmente dos líquidos. Compreender o fluxo de lamas é essencial para considerações de engenharia e de conceção de sistemas de lamas. A física do fluxo de lamas é afetada por factores como a densidade e a viscosidade do líquido de transporte e das partículas sólidas em suspensão, juntamente com a forma, o tamanho e a fração de massa das partículas sólidas.

a) Densidade

A densidade do chorume depende da densidade das partículas sólidas, do líquido de transporte, bem como da concentração das partículas sólidas. De acordo com (Wasp, 1977), a densidade é calculada como.

$$\rho_M = \frac{100}{\frac{C_W}{\rho_p} + \frac{100 - C_W}{\rho_L}} \quad [1.1]$$

Onde,

C_W = Concentration by weight in percent,

ρ_M = Density of the mixture, or slurry (kg/m^3),

ρ_L = Density of the carrier liquid (kg/m^3), and

ρ_p = Density of the solid particles (kg/m^3).

A concentração volumétrica de sólidos, *cv*, é expressa pela seguinte fórmula (Wasp,1977).

$$C_V = \frac{C_W \rho_M}{\rho_p} \quad [1.2]$$

b) Viscosidade

A viscosidade é uma das propriedades reológicas mais importantes. É definida como a resistência de fricção oferecida pelo fluido ao escoamento

- Viscosidade em fluidos newtonianos: É regida pela lei da viscosidade de Newton, que diz que a tensão de cisalhamento em um fluido é diretamente proporcional ao gradiente de velocidade

$$\tau = \mu \frac{du}{dy} \quad [1.3]$$

Onde;

τ = Shear stress, and

$\frac{du}{dy}$ = Velocity gradient

Tensão de cisalhamento, e

du

- = Gradiente de velocidade

- Viscosidade em fluidos não-Newtonianos: Para fluidos não newtonianos, a tensão de cisalhamento não depende linearmente da taxa de deformação de cisalhamento.

fluidos pseudoplásticos (afinamento por cisalhamento), dilatantes (espessamento por cisalhamento) e fluidos plásticos de Bingham. Os fluidos tixotrópicos tornam-se mais finos quando agitados ou sujeitos a qualquer outro tipo de tensão ao longo do tempo. Em contrapartida, os fluidos reopécticos tornam-se mais viscosos com o tempo. Os fluidos dependentes do tempo são, no entanto, menos comuns em pastas, mas algumas pastas apresentam um comportamento tixotrópico.

c) Calor específico

As capacidades caloríficas das pastas podem ser determinadas pelos calores específicos dos componentes sólidos e líquidos puros, de acordo com a concentração em peso. Thomas (1960) desenvolveu a seguinte equação para determinar a capacidade térmica da pasta

$$C_{pm} = \frac{C_{ps}C_{ws} + C_{pl}C_{wl}}{100} \qquad [1.4]$$

Onde,

C_p = Specific Heat (J/K)

C_w = Gravimetric Concentration

m, l, e *s* = Subscritos para mistura (lama), líquido e sólido, respetivamente·

d) Condutividade térmica

Orr e Dalla Valle (1954) derivaram a seguinte equação para calcular as condutividades térmicas com base nas condutividades térmicas do líquido de transporte e das partículas sólidas e na concentração volumétrica dos sólidos.

$$K_m = K_l \left[\frac{2K_l + K_s - 2C_v(K_l - K_s)}{2K_l + K_s + C_v(K_l - K_s)}\right] \qquad [1.5]$$

Onde *k* = Condutividade térmica (W/m K)

1.4 MATERIAIS UTILIZADOS PARA SISTEMAS DE CHORUME

Os materiais utilizados nos sistemas de lamas são geralmente metais, elastómeros e plásticos. As cerâmicas também podem ser consideradas para algumas aplicações, mas devido à sua fragilidade e ao seu custo muito elevado, geralmente não são utilizadas em sistemas de lamas e não são de todo adequadas para aplicações de alto impacto ou de alta pressão. Os metais (e as cerâmicas) resistem à erosão devido aos seus elevados valores de dureza. Os elastómeros resistem à erosão devido à sua capacidade de absorção de energia, resiliência e resistência ao rasgamento.

Ferro fundido

Os metais duros mais comummente utilizados em revestimentos e camisas de bombas resistentes ao desgaste são os ferros fundidos resistentes à abrasão da norma ASTM A32. Estes ferros fundidos pertencem às classes I, II e III.

Os ferros Ni-Hard, comercialmente bem conhecidos, são de facto os ferros brancos martensíticos de classe I que têm sido utilizados há muito tempo para aplicações resistentes à abrasão. A sua dureza situa-se na gama de 500 - 550 Brinell (540 - 600 HV).

Os ferros das classes II e III têm caraterísticas superiores às dos ferros Ni-Hard. Os carbonetos de crómio duros na matriz martensítica conferem-lhes uma dureza superior até 750 Brinell e também uma boa resistência à corrosão.

Os ferros das classes II e III começaram a substituir-se. Estes contêm carbonetos de crómio extremamente duros numa matriz martensítica. Isto confere-lhes uma elevada dureza, até 750 Brinell, mas também uma boa resistência à corrosão.

Aço

O aço é mais adequado para aplicações em ambientes corrosivos ou condições a altas temperaturas, embora tenha boas propriedades de resistência à abrasão.

O aço-carbono é a escolha mais comum para as condutas de polpa. Estão amplamente disponíveis e são comparativamente mais baratos. Mas têm fracas caraterísticas de desgaste. Os materiais com boa resistência à abrasão têm um custo mais elevado, pelo que o aço-carbono é utilizado como material de tubagem quando a lama não é muito abrasiva.

Elastómeros

Os elastómeros apresentam uma boa resistência ao desgaste devido à sua resiliência e resistência ao rasgamento. A resiliência é importante para resistir ao desgaste por pequenas partículas, enquanto a resistência ao rasgamento se torna predominante contra partículas maiores que tendem a cortar o material. A resistência ao rasgamento aumenta com a dureza, enquanto a resiliência diminui (Bootle,

2002). Os elastómeros são classificados em elastómeros sintéticos e borrachas naturais.

Os elastómeros sintéticos são mais adequados para o manuseamento de pequenas partículas de lama. Os revestimentos de borracha não são geralmente adequados para temperaturas superiores a 60° C. Os revestimentos de borracha também são propensos a ataques químicos, causando inchaço ou endurecimento, o que leva à separação ou danificação do revestimento (Bootle, 2002), enquanto os elastómeros sintéticos, como o Hypalon e o Nitrilo, podem suportar temperaturas até 110° C.

Nas condutas, os elastómeros são utilizados como mangueiras ou como revestimentos de tubos metálicos. Os tubos de aço revestidos com elastómeros oferecem a elevada resistência estrutural dos tubos metálicos combinada com a boa resistência à abrasão dos elastómeros.

Plásticos

Em muitos aspectos, os plásticos são um bom material para condutas de polpa. As suas caraterísticas de resistência à abrasão são muito melhores do que a maioria dos metais. Também oferecem uma vida útil mais longa e têm uma óptima resistência à corrosão. Isto torna-os adequados para aplicações que envolvam líquidos corrosivos, etc. No entanto, não são adequados para o transporte de lamas com partículas muito grandes, duras e afiadas, que podem causar cortes e aferição da superfície de plástico. A sua resistência estrutural é fraca, pelo que não suportam pressões elevadas. Além disso, são necessários muito mais apoios para os tubos de plástico, uma vez que não podem suportar o seu próprio peso sob carga em distâncias muito curtas.

Alguns dos plásticos normalmente utilizados são: policloreto de vinilo (PVC), policloreto de vinilo clorado (CPVC), polietileno (PE), polipropileno (PP), acrilonitrilo butadieno estireno (ABS), etc.

1.5 TRANSPORTE DE LAMAS POR CONDUTAS

A procura de transportes na Índia está a aumentar muito rapidamente devido ao aumento da interação social entre as pessoas e ao desenvolvimento económico. Os oleodutos constituem um modo de transporte único. Podem transportar grandes quantidades de certos tipos de mercadorias, principalmente fluidos, a longa distância e a um custo relativamente baixo. As operações são respeitadoras do ambiente, fiáveis e contínuas.

Caraterísticas do transporte por gasoduto

Algumas das caraterísticas cruciais do transporte por gasoduto são:

- Devido ao transporte unidirecional, o custo do transporte é muito baixo e também consome menos tempo. Além disso, não é necessário um carro de retorno/um camião depois de o chorume ser despejado no destino.

- A conduta subterrânea reduz o tráfego rodoviário e a poluição ambiental por poeiras entre a unidade de beneficiação e a unidade de peletização.
- A poluição sonora é muito reduzida
- Insensível às condições de superfície, como tempestades, intempéries, etc.

Conduta de lamas

Uma conduta de lamas também designada por conduta de transporte. Neste modo, os sólidos são primeiro triturados até ao tamanho de grão fino e transformados em lama com um meio líquido. O chorume é então bombeado para uma longa distância, onde pode ser utilizado ou transformado numa indústria transformadora. No final da conduta, o material é separado da lama num filtro-prensa para remover a água. A água é normalmente sujeita a um processo de tratamento de resíduos antes de ser eliminada ou devolvida à mina. Os materiais típicos que são transferidos utilizando condutas de polpa incluem carvão, cobre, ferro e concentrados de fosfato, calcário, chumbo, zinco, níquel, bauxite e areias betuminosas. As condutas devem ser concebidas de forma adequada para resistir à abrasão dos sólidos e à corrosão do solo. Dependendo dos requisitos, as condutas podem ser feitas de diferentes materiais, diâmetros e comprimentos. A primeira conduta de longa distância a ser estabelecida foi no Arizona, EUA, para transportar 0,4 MTPA de gilosonite ao longo de uma distância de 115 km.

A melhoria das técnicas, as alterações das condições económicas e das pressões ambientais e a preocupação com a eliminação das águas superficiais num futuro próximo são susceptíveis de tornar a tecnologia de condutas de chorume um modo de transporte viável num grande número de actividades industriais e de desenvolvimento de infra-estruturas.

Bomba de polpa

Existem vários tipos diferentes de bombas utilizadas na bombagem de lamas. O tipo mais comum de bomba de polpa é a bomba centrífuga e a bomba de deslocamento positivo. A bomba centrífuga para polpas abrasivas utiliza a força centrífuga gerada por um impulsor rotativo para transmitir energia cinética à polpa, da mesma forma que as bombas centrífugas do tipo líquido claro.

O processo de seleção de bombas centrífugas para polpas abrasivas tem de incluir a consideração da dimensão e conceção do impulsor para a passagem de sólidos, possibilidades adequadas de vedação do veio e selecções de materiais óptimos e de longa duração. Estes princípios básicos têm de ser considerados pelo engenheiro de aplicações que selecionará as peças da extremidade do líquido para suportar o desgaste provocado pelo ataque abrasivo, erosivo e/ou corrosivo aos materiais molhados.

Para atingir velocidades de funcionamento mais baixas, as bombas de polpa também são geralmente maiores do que as bombas de líquido transparente comparáveis, a fim de reduzir a velocidade, minimizando assim a taxa de desgaste. Os rolamentos e os eixos também precisam de ser muito mais robustos e rígidos.

Dificuldades na conduta de chorume

Há muitas dificuldades que surgem durante o transporte de lamas através de condutas. Os tipos mais comuns de problemas são a queda de pressão, a sedimentação da lama, o desgaste da parede interna do tubo, etc. Estes problemas podem ser ultrapassados através da seleção do material da tubagem de acordo com os tipos de lamas utilizadas e através da seleção adequada dos parâmetros de conceção e de fluxo. Neste estudo, um dos principais problemas acima referidos é o "desgaste" da parede interior do tubo. Nesta tese, a área em foco é o desgaste. O desgaste da parede do tubo é previsto experimentalmente para que se possa efetuar uma conceção adequada do tubo. Existem muitos tipos de equipamento para prever o desgaste. Neste livro, foi utilizado o aparelho de ensaio de erosão de lamas, porque é mais fácil encontrar o desgaste em tubagens com base na remoção de massa.

1.6 REVISÃO DA LITERATURA SOBRE INVESTIGAÇÃO EM DESGASTE DE LAMAS

Nas linhas que se seguem, é apresentada uma breve descrição das investigações efectuadas por vários investigadores sobre os vários aspectos do desgaste provocado pelo fluxo de lamas;

Jain et al. [2007] realizaram uma experiência com um aparelho de ensaio de vasos de lama para estudar o fenómeno do desgaste por erosão no impacto normal da mistura sólido-líquido. Os ensaios de desgaste por erosão foram realizados com sete materiais de tipo dúctil diferentes, nomeadamente liga de alumínio (AA6063), cobre, latão, aço macio, aço inoxidável AISI 304L, aço inoxidável AISI 316L e aço para lâminas de turbina, utilizando três agentes de erosão, nomeadamente quartzo, alumina e carboneto de silício. As experiências são efectuadas a uma velocidade de 3 m/s e uma concentração de 10% em peso de partículas de 550µm para a combinação de diferentes materiais erodentes e materiais alvo em condições normais de impacto. Também são efectuadas experiências para diferentes concentrações de sólidos, tamanhos de partículas e velocidades. Com base nos dados experimentais, é proposta uma correlação para prever o desgaste por erosão em condições normais de impacto.

Desale et al. [2014] estudaram o comportamento relativo à erosão de diferentes materiais com concentração moderada de sólidos, velocidade, tamanho das partículas e ângulo de impacto. Para o trabalho experimental, foi feito um arranjo no testador de vasos, desenvolvido por Desale et al. Investigações experimentais sobre o comportamento de erosão de materiais dúcteis foram realizadas usando AISI SS304L como um material alvo. O tamanho de partícula de 550µm é utilizado para preparar uma mistura de 20% de concentração em peso do erodente acima referido para realizar experiências de desgaste no aço AISI SS304L a uma velocidade de 3,71 m/s para oito ângulos de orientação diferentes na gama de 15° a 90° . Foi desenvolvido um modelo empírico que é utilizado para a previsão do desgaste por erosão. O modelo baseia-se no pressuposto de que o desgaste em qualquer ângulo é contribuído pela deformação e pelo desgaste de corte. Enquanto que no ângulo de impacto normal, o desgaste é provocado apenas pela deformação.

Seshadri et al. [1998] realizaram uma experiência num aparelho de ensaio de desgaste de vasos. O fenómeno de desgaste por erosão devido à ação de corte de partículas sólidas em fluxos de misturas sólido-líquido foi estudado em várias concentrações de sólidos, tamanhos de partículas e velocidades. As experiências mostram que o desgaste do fluxo paralelo aumenta com o aumento da concentração de sólidos (em volume), da dimensão das partículas e da velocidade e mostram também que a dependência paramétrica da velocidade é comparativamente muito mais forte do que a da concentração de sólidos ou da dimensão das partículas. A mistura sólido-líquido foi preparada misturando água com o material de rejeito obtido de uma fábrica de processamento de zinco. O desgaste por erosão foi medido em provetes de latão para diferentes combinações de concentração de sólidos, dimensão das partículas e velocidade para um escoamento quase paralelo.

Gupta et al. [1994] efectuaram uma experiência de estudo sistemático num aparelho de ensaio para determinar o efeito da velocidade, da concentração e da dimensão das partículas no desgaste por erosão. Foram propostas duas correlações, com base nos dados gerados para lamas de partículas equisadas no pot tester, para prever o desgaste por erosão esperado para dois materiais de tubos, nomeadamente latão e aço macio. O diâmetro médio ponderado foi estabelecido como o melhor diâmetro representativo para as pastas de partículas multisized. As correlações propostas foram utilizadas para prever a extensão do desgaste por erosão irregular numa conduta de lamas utilizando a concentração local, a dimensão efectiva local das partículas e a velocidade média. A comparação entre os resultados previstos e os experimentais mostra uma concordância de f 13,5% para o latão e de + 14% para o aço macio.

Desale et al. [2005] efectuaram uma experiência com um aparelho de ensaio de vasos para estudar o comportamento relativo à erosão de diferentes materiais em concentrações moderadas de sólidos. A distribuição uniforme de sólidos e a turbulência no interior do recipiente são geralmente os problemas com o dispositivo de ensaio de recipientes, pelo que os dados gerados têm uma aplicação limitada para a análise quantitativa. No presente trabalho, foram efectuadas investigações num recipiente cilíndrico transparente para determinar a velocidade mínima de uma hélice necessária para uma distribuição uniforme das partículas sólidas e as observações foram utilizadas para desenvolver um aparelho de ensaio de recipientes de chorume. Observa-se que uma hélice de quatro pás com inclinação de 45° em modo de bombagem descendente permite uma melhor distribuição dos sólidos. É então fabricado um aparelho de ensaio de vasos, inserindo a hélice a partir do fundo do cilindro e rodando à velocidade necessária para uma distribuição uniforme. Os provetes de ensaio são então montados num eixo diferente inserido a partir do topo do pote e rodados às velocidades de ensaio desejadas. Os resultados foram obtidos para material dúctil e estão em boa concordância com a literatura.

Clark [1993] estudou a profundidade de desgaste em provetes cilíndricos. A experiência foi realizada num aparelho de ensaio de vaso de lama. A profundidade de desgaste na erosão em função da localização angular em espécimes cilíndricos, com um diâmetro de 5 mm, foi medida utilizando suspensões contendo menos de 1% em massa de Sic em óleo diesel. As variáveis de ensaio incluíram a dimensão das partículas e a velocidade nominal de erosão. Os materiais alvo foram o vidro Pyrex, 99,8% de alumina, aço 1020 HR, aço de revestimento API Pl 10, cobre OFHC, polimetilmetacrilato, acetal e um fenólico reforçado com tecido. A profundidade do desgaste foi avaliada através do registo de traços de transformador diferencial variável linear do raio do cilindro em torno da circunferência dos cilindros antes e depois de curtos períodos de erosão. Foi utilizado um modelo matemático para as trajectórias das partículas e as velocidades de impacto para estimar a localização angular dos impactos das partículas sobre o cilindro, as correspondentes eficiências de colisão, os ângulos de impacto, as velocidades normais e tangenciais e as energias cinéticas no impacto. Os resultados experimentais e os valores previstos pelo modelo informático permitiram comparar a taxa de erosão com a taxa de dissipação da energia cinética de impacto com o ângulo de impacto e a localização angular em relação ao cilindro. A análise dos perfis de desgaste foi efectuada com base na distinção feita por van Riemsdijk e Bitter (1959) entre desgaste de deformação (resultante da componente normal da velocidade de impacto) e desgaste de corte (relacionado com a componente tangencial da velocidade de impacto). Os valores são comparados com os encontrados para a retificação de superfícies e com os de Neilson e Gilchrist (1968) para a erosão gás-sólido.

Gandhi et al. [2003] desenvolveram uma metodologia para determinar o tamanho nominal das partículas da pasta de partículas multi-dimensionadas para estimar a perda de massa devida ao desgaste por erosão. O desgaste por erosão é um fenómeno complexo e é difícil de prever para pastas com partículas de várias dimensões, principalmente devido à representação da sua dependência de uma única dimensão de partícula. Verifica-se que um tamanho de partícula que representa a média da massa das partículas pode ser tomado como o tamanho nominal. O efeito da presença de partículas mais finas (< 75µm) em pastas de partículas relativamente grossas também foi estudado separadamente através da realização de experiências num testador de vasos. Observa-se que uma redução de aproximadamente 40-50% no desgaste é possível pela adição de partículas mais finas 25% (w / w) de partículas maiores.

Patil et al. [2011] estudaram a dependência paramétrica do desgaste por erosão do alumínio em suspensão de água e areia. O alumínio foi escolhido como material-alvo por ser representativo de um material dúctil. Foi analisado o efeito de vários parâmetros, como o ângulo de impacto, o tamanho das partículas, a velocidade e a concentração de sólidos no desgaste por erosão do alumínio. Foi fabricada uma máquina de ensaio e foram desenvolvidos dispositivos especiais para efetuar ensaios de desgaste por erosão em vários ângulos de impacto, de 15° a 90°, em passos de 15°. As experiências foram realizadas na faixa de concentração sólida (em peso) de 20% a 40% para três partículas de tamanho estreito de 225μm, 505μm e 855μm na faixa de velocidade de 3,68 m / s a 9,67 m / s. A partir dos pontos de dados, foi desenvolvida uma correlação que está de acordo com os valores experimentais numa margem de erro de +16%.

Singh [2014] estudou o desgaste por erosão de materiais de aço macio, SS 304 e SS 202 revestidos e não revestidos com WC-12Co e Ni-20Cr2O3, utilizando um aparelho de ensaio de vaso de lama com lama de cinzas de fundo. O processo de oxi-combustão de alta velocidade é utilizado para o revestimento. A experiência foi efectuada a quatro velocidades diferentes: 500rpm, 800rpm, 1100rpm e 1400rpm, com concentrações de 25% e 45% de lama, num estudo experimental de 90min e 180min. O desgaste por erosão aumenta com o aumento da concentração de lama e da velocidade. O expoente da velocidade e o expoente da concentração também são calculados e estão de acordo com trabalhos de investigação anteriores. Os resultados experimentais também são investigados com a abordagem de Taguchi para avaliar a influência dos parâmetros de velocidade, concentração e tempo no desgaste por erosão dos materiais e verifica-se que a influência (percentagem) da velocidade é maior no desgaste por erosão, seguida dos parâmetros de tempo e concentração.

Chawla et al. [2013] estudaram os fenómenos de desgaste por erosão devido à ação de corte de partículas de cinzas em cinzas-líquido (mistura de lamas). A experiência foi realizada numa máquina de ensaio de lamas. O aço 304 e o ferro fundido cinzento foram escolhidos como material alvo. Utilizou-se um dispositivo para segurar a peça de trabalho numa máquina de ensaio com lama para garantir que o desgaste por erosão da peça de trabalho se deve ao fluxo da lama. A experiência foi efectuada a diferentes concentrações, a diferentes velocidades e a vários tempos para determinar o efeito destas partículas na peça de trabalho.

Yang et al. [2011] apresentaram os efeitos paramétricos, incluindo a concentração de areia, a velocidade do fluxo da lama e o ângulo de impacto, na erosão-corrosão (E-C) do aço X65 em lama de areias petrolíferas, utilizando um sistema de loop de jato de impacto através de um ensaio de perda de peso, medições da curva de polarização e caraterização da superfície. Verificou-se que os componentes da erosão, incluindo a erosão pura e a erosão potenciada pela corrosão, são os que mais contribuem para a E-C do aço, enquanto que a contribuição dos componentes da corrosão é ligeira. Com o aumento da concentração de areia e da velocidade do fluxo da lama, a taxa de E-C do aço aumenta. No entanto, um aumento do ângulo de impacto diminuiria a taxa de E-C do aço na lama de areias petrolíferas. Quando o potencial do aço é relativamente negativo, a erosão é dominante, especialmente a velocidades de fluxo elevadas. Com potenciais positivos, a corrosão do aço é importante no processo E-C, especialmente a baixas velocidades de fluxo. Foi elaborado um mapa E-C para ilustrar mecanicamente o processo E-C em função do potencial do aço e da velocidade de fluxo da lama.

Dube et al. [2009] estudaram a erosão devida à turbulência. A turbulência é um fator predominante na conceção de instalações para o manuseamento de lamas. A DUCOM Instruments (P) Ltd. construiu um "testador de erosão de disco duplo em contra-rotação" para analisar superfícies quanto à erosão devida à turbulência. A perda de volume do aço inoxidável e do alumínio em função da variação do tempo, da dureza das partículas, da velocidade e da concentração da lama é avaliada neste aparelho de ensaio de erosão. É efectuado um estudo individual sobre o efeito da corrosão na perda de volume total, tendo-se verificado que é elevada na pasta de alumina e baixa na pasta de sílica.

Amarendra et al. [2012] desenvolveram um novo método simples que combina o efeito da erosão da lama e da erosão por cavitação. Os corpos de prova prismáticos triangulares são utilizados como indutores de cavitação no testador convencional de vaso de lama. Na panela de lama, os provetes de latão são expostos a água/lama, com e sem indutores de cavitação. A análise dos resultados do desgaste revela variações significativas na perda de material, confirmando os danos sinérgicos da erosão. O novo método de ensaio laboratorial pode ser muito útil na avaliação e classificação do desempenho do material sob condições combinadas de erosão por partículas e cavitação.

Chandrakar et al. [2007] estudaram a resposta à abrasão do aço En-31 tratado termicamente. Os espécimes temperados e revenidos do aço En-31, temperados a diferentes temperaturas, foram utilizados na presente investigação. Os ensaios de abrasão com pasta foram efectuados utilizando um aparelho de ensaio de abrasão com pasta e areia de sílica como meio abrasivo. Foi avaliado o efeito da distância de deslizamento, da carga normal e da concentração da lama na perda de volume. Os resultados do presente trabalho foram explicados por um modelo, $V = (K \times S \times L) / (H)^2$, em que V é a perda de volume na abrasão com lama, S é a distância de deslizamento, L é a carga normal, H é a dureza da superfície e K é o coeficiente de desgaste. A morfologia das superfícies desgastadas após a abrasão com pasta foi estudada ao microscópio eletrónico de varrimento. Os estudos morfológicos das superfícies desgastadas revelaram diferenças caraterísticas no padrão de desgaste em diferentes condições de ensaio. Os mecanismos de funcionamento da remoção de material envolveram a lavra e o corte.

Levy et al. [1980] estudaram o desgaste por erosão de três ligas de aço por suspensões de carvão e carboneto de silício em querosene. As experiências foram realizadas num aparelho de ensaio de erosão acelerada. As medições são correlacionadas com base em considerações de análise dimensional com constantes empíricas na correlação determinada através de regressão polinomial de mínimos quadrados dos dados. A natureza de alta velocidade dos ensaios produz resultados que são essencialmente independentes dos efeitos viscosos na presente configuração. São discutidas várias observações relacionadas com a mecânica dos fluidos, a temperatura e o teor de água do carvão inicial na suspensão de partículas. São feitas recomendações para a construção de um aparelho melhorado para ensaios de erosão acelerada normalizados de materiais dúcteis.

Elkholy [1982] efectuou uma série de ensaios em diferentes materiais de bombas para estudar o efeito das propriedades da lama e do material da bomba no desgaste por abrasão, utilizando uma instalação de ensaio que incorpora a maioria destes parâmetros. Foi obtido um modelo analítico para a previsão do desgaste de materiais duros e frágeis em diferentes condições de funcionamento. Os resultados experimentais e calculados para o ferro fundido, como exemplo de um material duro e quebradiço, são comparáveis numa base de perda de peso da amostra.

CAPÍTULO - 2

CONFIGURAÇÃO EXPERIMENTAL, PARÂMETROS E PROCEDIMENTO PARA A MEDIÇÃO DO DESGASTE POR EROSÃO DA LAMA

Existem vários equipamentos, componentes e materiais necessários para completar a experiência de medição do desgaste. Estes são: aparelho de ensaio de erosão de lamas (TR 40), agitador de peneiras com peneiras e recipiente, copos e frascos de medição, secadores, máquina de equilibragem eletrónica, microscópio, aparelho de ensaio de dureza Rockwell digital, materiais para a preparação de lamas erosivas (ou seja, amostras de fluido e material erodente), material para a preparação de amostras, artigos diversos (como balde, acetona, algodão, etc.), etc. Estes são discutidos em pormenor neste capítulo.

2.1 INSTALAÇÃO DO APARELHO DE ENSAIO DE DESGASTE POR EROSÃO DE LAMAS

A Figura 2.1 mostra um aparelho de ensaio de erosão de lamas montado, no qual são efectuados os ensaios. O aparelho de ensaio de erosão de lamas, TR-40, foi concebido para determinar a resistência dos materiais metálicos à perda de massa sob o efeito erosivo do fluxo de lamas.

O equipamento é constituído por uma estrutura, uma câmara de ensaio, um sistema de acionamento e de controlo. Estes são descritos a seguir;

- Estrutura: Os principais componentes do equipamento de ensaio são instalados na estrutura. A estrutura é relativamente rígida para evitar deformações e vibrações incómodas.

- Câmara de ensaio: A câmara de ensaio é constituída por um tanque de corpo largo para albergar 6 vasos de lama mergulhados em água para arrefecer os vasos de lama, com porta para entrada e saída. Ao levantar o tanque de água, o espécime é submerso na lama.

- O tanque de arrefecimento é um recipiente oco de forma retangular cheio de água de arrefecimento e um aquecedor de bobina de imersão instalado no interior do tanque para aquecer a água e aumentar a temperatura da lama para 80° c. O tanque é construído com material de aço inoxidável com portas de entrada e saída para a água, duas portas para ligar a energia aos aquecedores, 1 porta para ligar os sensores de temperatura e 6 orifícios na face superior para assentar o recipiente de lama.

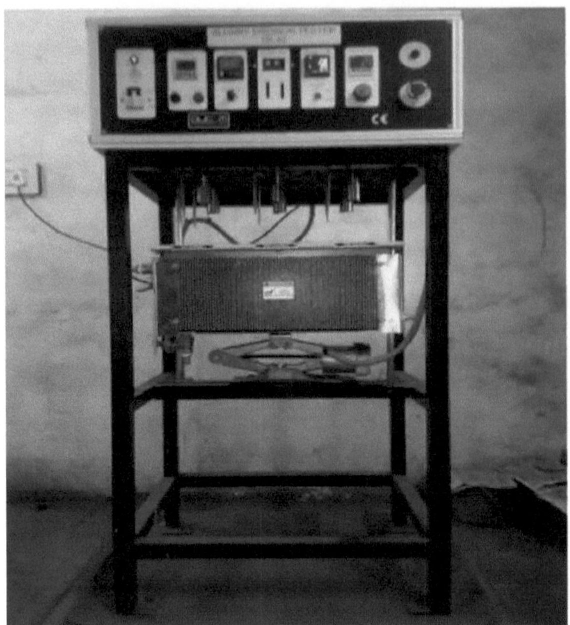

Figura 2.1: Aparelho de ensaio de erosão de lamas TR - 40 (Marca: DUCOM Instruments)

■ O tanque é levantado/abaixado por um macaco motorizado montado verticalmente que repousa abaixo do tanque de arrefecimento; durante o movimento ascendente o tanque levanta-se para pressionar contra a placa superior, para ter um movimento ascendente uniforme o tanque desliza sobre dois pilares verticais.

■ 6 recipientes de polpa de aço inoxidável com diâmetro exterior de 120 mm e altura de 120 mm são colocados no interior dos orifícios do reservatório e bloqueados por parafusos. No diâmetro interior do recipiente, são fixadas verticalmente 3 alhetas para evitar a rotação da pasta durante a rotação do provete. A parte inferior do recipiente está submersa na água do reservatório para transportar o calor gerado durante o ensaio. O sensor de temperatura PT-100 é inserido da placa superior em cada recipiente para medir a temperatura da lama. (Figura 2.2 e 2.3)

■ **Acionamento:** O sistema de acionamento acciona 6 fusos independentes equipados com amostras através de uma correia comum. É composto por uma unidade de potência, um motor de corrente alternada, para um controlo preciso da velocidade de rotação, a unidade de potência é acionada por um variador de frequência e a tensão para o motor é controlada para diminuir a variação da velocidade de rotação. As 6 estações são acionadas por um único motor CA de 15 kW equipado com duas polias e acionado por correia. Quando o motor roda, todos os fusos rodam simultaneamente com ele, a velocidade de rotação é definida por um botão potenciómetro no painel de controlo. A velocidade de rotação é obtida através de um variador de frequência para atingir a velocidade em incrementos de 1 rpm e também para fornecer o binário total para todas as velocidades entre 100 e 1500 rpm. É colada uma folha de borracha na superfície inferior da placa superior para assentar a superfície superior do recipiente do chorume, a fim de evitar derrames durante a rotação. (Quadro 2.1)

Figura 2.2: Câmara de ensaio do equipamento de ensaio de erosão com chorume

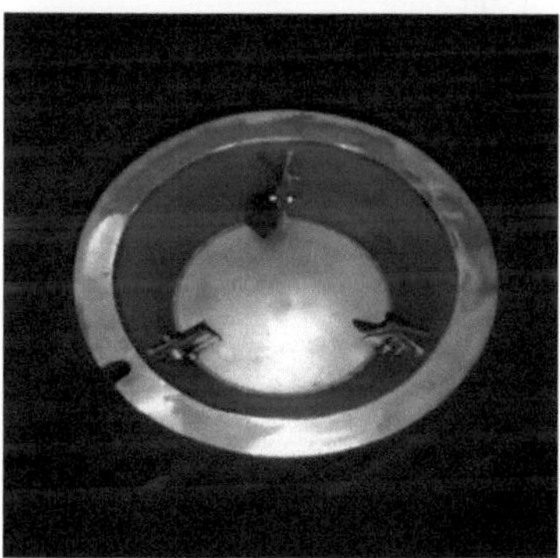

Figura 2.3: Vista da cuba de polpa

- **Sistema de controlo:** O sistema de controlo comanda as principais operações do banco de ensaio. A máquina é operada a partir do painel do operador que está fixado a uma altura conveniente para a operação no painel frontal da estrutura. O botão do potenciómetro é ajustado no sentido dos ponteiros do relógio para definir a velocidade do eixo até se atingir a velocidade pretendida. Um módulo de temporizador é utilizado para definir a duração do ensaio utilizando teclas de função. Ao premir os botões de pressão de início ou paragem, o teste começa ou termina. (Tabela 2.2)

Tabela 2.1: Pormenores dos componentes da câmara de ensaio

Ensaio dos componentes da câmara de ensaio	**Detalhes da gama**
N.º de postos de trabalho	6
Velocidade	Velocidade variável em passos de 1 rpm, velocidade mínima 100 rpm, velocidade máxima 1500 rpm
Duração do ensaio	Máximo 99. 59 hr:min
Dimensão da câmara de erosão do chorume	520 ×480×690 mm
Tamanho do recipiente de polpa	0 1 2 0 × 1 2 0 mm de profundidade
Altura da lama no interior do recipiente	80 mm
Tamanho do depósito de arrefecimento	490 × 335 × 130 mm
Detentores de amostras	9 0⁰ suportes angulares
Dimensão do equipamento l × b × *h*	1445 × 720 × 1500 mm
Diâmetro da polia	90 mm

Tabela 2.2: Especificações do sistema de alimentação eléctrica para o aparelho de ensaio de erosão de lamas

Tipo de especificação	**Detalhes das especificações**
Alimentação eléctrica do interruptor principal	230V×10×50Hz
Classificação atual necessária	16A
Potência nominal necessária	3.0kW
N.º de pontos necessários	1
Ficha para cabo elétrico	Ficha e tomada de 3 pinos

2.2 PREPARAÇÃO DOS PROVETES E MEDIÇÃO DAS PROPRIEDADES

O aço macio e o latão foram escolhidos para apresentar um desgaste acelerado. O aço macio foi escolhido por ser o material mais comummente utilizado em condutas de polpa, enquanto o latão foi escolhido para representar um material dúctil. Os provetes utilizados nesta experiência são pequenas peças de "aço macio" e "latão". É necessário conhecer algumas propriedades como a dureza, a densidade, as dimensões e o peso antes da experiência.

Ensaio de dureza do provete

A dureza das peças de aço macio e de latão é testada por um aparelho digital de teste de dureza Rockwell, como se mostra na figura 2.4. Existem diferentes escalas, indicadas por uma única letra, que utilizam diferentes cargas ou indentadores. O resultado é um número adimensional designado por HRB, em que B é a letra da escala. A profundidade de penetração e a dureza são inversamente proporcionais. A principal vantagem da dureza Rockwell é a sua capacidade de apresentar diretamente os valores de dureza. Dependendo da suavidade do material, é selecionada uma escala. Os materiais macios como o alumínio, o latão e os aços macios são testados na escala B com uma carga de 100 kgf. O indentador utilizado para esta escala é uma esfera de aço (diâmetro 1,5875 mm). O espécime é colocado na máquina de ensaio e a carga é aplicada durante um tempo de permanência de 5 segundos. Em seguida, o indentador penetra no espécime e o resultado é apresentado no ecrã. Agora, este procedimento é repetido 10 vezes em 10 locais diferentes da superfície da peça de aço macio. Todos os 10 resultados são registados e o valor médio é calculado. Estes valores são apresentados na tabela 2.3.

Tabela 2.3: Valor do ensaio de dureza Rockwell para aço macio e latão

S. Não.	1	2	3	4	5	6	7	8	9	10	Média
HRB para Suave Aço	76.2	76.4	76.9	76.5	75.6	76.6	77.7	77.4	76.9	77.6	**76.78**
HRB para Latão	74.5	76.7	77.2	77.2	73.2	76.9	77.7	76.1	76.6	75.8	**76.19**

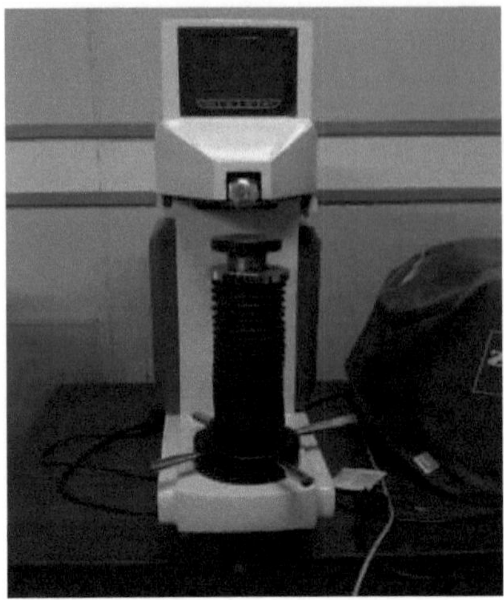

Figura 2.4: Aparelho de ensaio de dureza Rockwell

Preparação do provete

Os espécimes de aço macio e de latão foram cortados a partir de barras longas utilizando uma serra eléctrica. Em seguida, os espécimes foram rectificados com a ajuda de uma lixadora de superfícies para obter as dimensões necessárias para o ensaio. Foi efectuado um furo no centro do espécime para que este possa ser fixado no dispositivo de fixação. As especificações das amostras são medidas com um micrómetro digital e são apresentadas na tabela 2.4

Tabela 2.4: Dimensões dos provetes de ensaio

S. No.	Material	Length (mm)	Width (mm)	Height (mm)	Density (g/cm^2)	
1	Mild steel	77	25	4	9.372	
2	Brass	76	25	6	9.007	**Drawing of specimen used for erosion tester with 5mm hole diameter**

Medição da densidade do provete

A densidade do provete é medida tomando a razão entre a massa e o volume do provete. Em primeiro lugar, mede-se a massa do provete utilizando uma balança eletrónica e anota-se; em seguida, calcula-se o volume utilizando a seguinte relação

$$Volume = (volume\ without\ hole) - (volume\ of\ hole)$$

$$= (length \times width \times thickness) - \left(\frac{\pi \times (dia)^2 \times thickness}{4}\right) \quad [2.1]$$

Then, $$Density\ \rho = \frac{Mass}{Volume}$$

2.3 PARTÍCULAS DE ERODENT: PREPARAÇÃO E MEDIÇÃO

À medida que a lama flui através das tubagens, as suas pequenas partículas cortam a superfície interna da tubagem, removem o material da tubagem e enfraquecem a superfície reduzindo a sua espessura. A tendência de corte é diferente para vários materiais, tamanho de partículas, concentração e velocidade de fluxo. Neste estudo, são utilizadas duas pastas diferentes (minério de ferro e carvão) para o aço macio e areia para o latão. Esta experiência baseia-se na medição da massa removida do material do tubo por partículas sólidas e a massa perdida é convertida em espessura perdida da tubagem, o que indica o desgaste da parede do tubo.

Ensaio do agitador de peneiras

Neste estudo, as partículas de minério de ferro, carvão e areia são utilizadas como matéria-prima. O minério é triturado em pequenas partículas e estas partículas de vários tamanhos são separadas em partículas sólidas equisadas com a ajuda de um agitador de peneiras (figura 2.5). Para a distribuição de partículas de diferentes tamanhos, é utilizado o peneiro B.S. Os passos seguintes são seguidos para a preparação da lama:-

[1] Em primeiro lugar, recolhe-se um kg de amostra numa panela.

[2] Prepara-se uma pilha de peneiras. Um peneiro com uma abertura maior é colocado por cima de um peneiro com aberturas mais pequenas.

[3] É colocado um tabuleiro por baixo do peneiro mais baixo para recolher as partículas mais pequenas.

[4] A amostra é vertida do topo para a pilha de peneiras.

[5] A parte superior da pilha de peneiras é coberta.

[6] A pilha de peneiras é passada por um agitador de peneiras durante cerca de 10 a 15 minutos.

[7] Após o tempo estipulado, o agitador de peneiras é parado e a pilha de peneiras é retirada.

[8] Por fim, pesa-se a quantidade de amostra retida em cada peneiro e no tabuleiro inferior.

Figura 2.5: Agitador de peneiras para medição da PSD

As medições observacionais são apresentadas no quadro 2.5 e no quadro 2.6. Medir a % retida e a % mais fina a partir das fórmulas seguintes;

$$\% \, retained = \frac{weight \; of \; sample \; in \; a \; perticular \; sieve \times 100}{weight \; of \; total \; sample} \qquad [2.2]$$

$$\% \, finer - 100 - \% \, retained \qquad [2.3]$$

A tabela abaixo mostra a natureza da distribuição das partículas na amostra:

Quadro 2.5: Distribuição do tamanho das partículas na amostra fresca (recolhida do armazenamento) de minério de ferro e carvão

Dimensão da malha (μm)	**Para o minério de ferro**		**Para o carvão**	
	Retido (gm)	**% retida (%wt)**	**Retido (gm)**	**% retida (%wt)**
1180	206	20.6	632	63.2
850	108	10.8	88	8.8
600	46	4.6	30	3
425	160	16	76	7.6
300	64	6.4	12	1.2
212	138	13.8	48	4.8
150	58	5.8	16	1.6

PAN	212	21.2	88	8.8

Tabela 2.6: Distribuição do tamanho das partículas na amostra fresca (recolhida do armazenamento) de areia

Malhagem (M)^{m}	600	425	300	212	PAN
Retido (gm)	44	534	109	225	71.5
% retida (%wt)	4.4	53.4	10.9	22.5	7.15

Dimensão das partículas erodentes

Existem vários métodos para representar o tamanho das partículas. Alguns deles são;

- d_{50} : É a dimensão (diâmetro) do crivo através do qual passaram 50% dos sólidos.
- Média aritmética: É a média aritmética dos diâmetros das fracções de tamanho de partículas na distribuição.
- Média geométrica: É a média geométrica simples dos diâmetros das fracções de tamanho de partículas na distribuição.
- Diâmetro médio ponderado: O diâmetro médio ponderado é definido como,

$d_{wm} = \sum_{i=1}^{N} f_i d_i$ [2.4]

Onde; N = número de grupos de tamanho em que a amostra total é dividida, f = fração de sólido retido num peneiro específico e d = diâmetro médio dos dois peneiros de tamanho sucessivo, um no qual os sólidos são retidos e o outro através do qual os sólidos passaram completamente. Neste estudo, é adoptada a média geométrica para calcular o diâmetro do minério de ferro e do carvão e o diâmetro médio ponderado para as partículas de areia. Os tamanhos finais das partículas selecionadas com base no critério d_{50} são apresentados na tabela 2.7. Além disso, as figuras 2.6 - 2.11 apresentam o aspeto ampliado destas amostras de tamanho de partículas em imagens SEM de todas as partículas.

Quadro 2.7: Granulometria selecionada para minério de ferro, carvão e areia

S. Não.	**Tamanho das partículas, d (µm) para o minério de ferro**	**Tamanho das partículas, d (µm) para o carvão**	**Tamanho das partículas, d (µm) para a areia**
1	252.2	277.15	277.15
2	505	576.25	576.25
3	1001.5	-	-

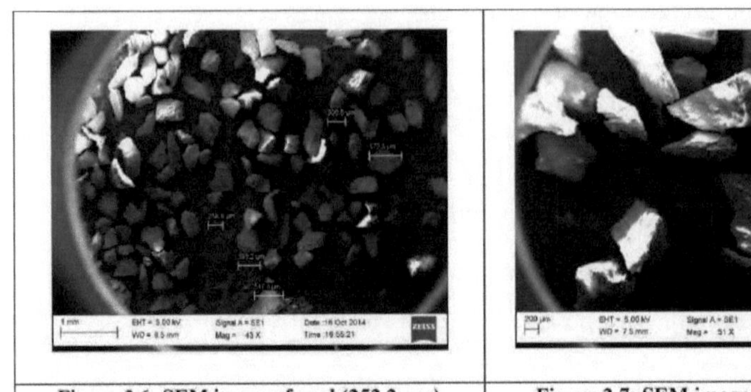

Figure 2.6: SEM image of coal (252.2 μm)

Figure 2.7: SEM image of coal (505 μm)

Figure 2.8: SEM image of coal (1001.5μm)

Figure 2.9: SEM image of coal (505 μm)

Figure 2.10: SEM image of iron ore (505μm)

Figure 2.11: SEM image of iron ore (1001.5μm)

Preparação da lama

As pastas de diferentes concentrações foram preparadas adicionando diferentes quantidades de partículas de tamanho igual à água. A capacidade do recipiente de pasta é de 1,36 litros. Limpar bem cada recipiente de pasta e secar.

- Pesar e deitar a quantidade necessária de amostra sólida em cada recipiente.
- Encher cada recipiente com a quantidade necessária de água, vertida acima da areia.

A concentração do chorume em peso pode ser determinada pela seguinte fórmula.

$$\% C_w = \frac{M_s \times 100}{M_s + M_l} \quad [2.5]$$

Onde;

C_w = Concentração em peso,

M_s = Massa da partícula sólida, e

M_l = Massa do líquido.

2.4 PARÂMETROS EXPERIMENTAIS E PROCEDIMENTO DE ENSAIO DE DESGASTE DA PANELA

Os ensaios de erosão com lama são realizados em materiais de aço macio e latão, utilizando o aparelho de ensaio de lama em diferentes condições de ensaio, de modo a avaliar os diferentes fenómenos de erosão e a quantidade de desgaste de cada material. Todos os espécimes são polidos com papel de esmeril de 150 a 600 grãos antes do trabalho experimental (tabela 2.8).

Tabela 2.8: Parâmetros e especificações experimentais

S. Não.	**Parâmetros:**	**Especificação**	
1	Material do espécime	Aço macio	Latão
2	Material erodente	Minério de ferro, carvão	Areia
3	Tamanho das partículas (µm)	252.5, 505, e 1001.5	277.15, 576.25
4	Concentração da lama $(C)_w$	10, 20 e 30	10, 20 e 30
5	Velocidade (RPM)	400, 700, 1000 e 1300	700, 1000 e 1300
6	Tempo (min)	40, 80 e 120	60 e 60
7	Temperatura	35^0 C e 75 C^0	35^0 C e 75 C^0

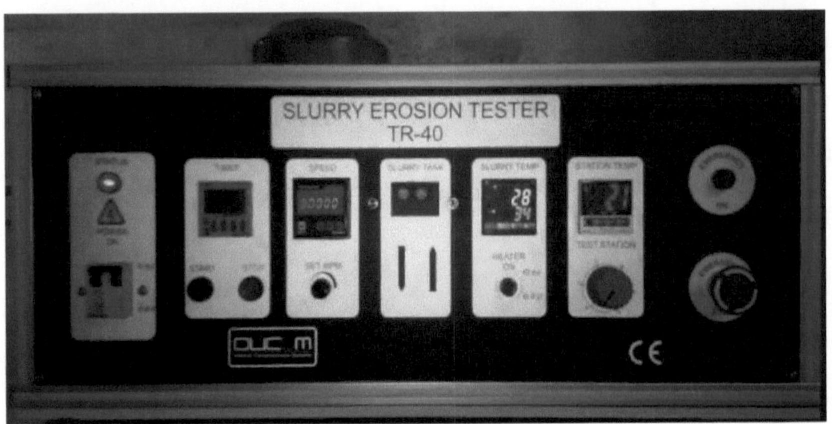

Figura 2.12: Painel de controlo da máquina de ensaio de erosão de lamas

Ligue o aparelho de ensaio de erosão de lamas através do interrutor "ON" MCB. Prima o botão DOWN para baixar a câmara de ensaio (figura 2.12). Limpe e enxagúe cuidadosamente a câmara de lama para remover os restos de lama do ensaio anterior. Pesar a quantidade necessária de abrasivo e encher um recipiente de lama, repetir para os outros 5 recipientes. Pesar a quantidade necessária de água e deitar sobre o abrasivo em cada recipiente. Pesar 6 amostras numa máquina de pesagem eletrónica com uma contagem mínima de 0,1 mg e registar os valores.

Colocar a amostra na ranhura de cada suporte e fixar com o agitador, repetir o mesmo para todos os suportes. Premir o botão UP para elevar a câmara de teste até ficar firmemente encostada à superfície de borracha. Defina a hora através do MÓDULO DO TEMPORIZADOR no painel de controlo; agora rode lentamente o botão SET RPM até o visor de velocidade no módulo apresentar as rpm necessárias. Uma vez que o agitador está montado por baixo de cada amostra, o agitador durante a rotação começa a agitar a mistura de lama, para evitar a ação de turbilhão durante a rotação de todos os recipientes, estes são fornecidos com aletas verticais para parar a rotação da lama juntamente com a amostra.

O motor desliga-se automaticamente quando termina o tempo de duração definido no MÓDULO DO TEMPORIZADOR. Premir o interrutor DOWN para baixar a câmara até ao nível mais baixo, tendo o cuidado de não derramar qualquer lama na superfície. Limpar a superfície de cada provete com água da torneira para remover a lama. Enxaguar com acetona e secar com um soprador de ar quente. Pesar o provete e calcular a perda de massa.

No presente estudo, o ensaio é efectuado durante 2 horas para ambos os materiais e a perda de massa é calculada por cada 40 minutos para o aço macio e 60 minutos para o material de latão.

Enxaguamento com acetona e secagem

Após a experiência, as partículas sólidas de lama corroem a superfície do provete e algumas partículas aderem à superfície, pelo que o provete é devidamente lavado em água da torneira e enxaguado com acetona. As partículas sólidas de lama são enxaguadas da superfície do provete. Antes de pesar na máquina de equilibragem eletrónica, secar bem o provete com um soprador de ar quente.

Medição da taxa de desgaste

Retirar as peças de trabalho do dispositivo de fixação e medir a massa final das peças de trabalho utilizando uma balança eletrónica (figura 2.13). Após o ensaio, foi tomado o devido cuidado para limpar a peça de desgaste, como mencionado anteriormente, de modo a que as partículas sólidas finas possam ser removidas da superfície da peça de trabalho. Após a secagem da peça, a massa final foi medida e a subtração da massa final pela inicial dá a perda de massa da amostra de ensaio. A perda de massa da espessura da parede é calculada pela relação dada aqui como

$$E_w = \frac{\Delta m \times 24 \times 365}{\rho \times A \times T} \times 10^3 \quad [2.6]$$

Onde,

Ew = Taxa de desgaste (mm/ano)

Δm = Perda de massa (g)

ρ = Densidade da peça de trabalho (g/cm)^3

A = Área de superfície (mm)^2

T = Tempo (hr)

O procedimento acima referido deve ser repetido para diferentes concentrações, mantendo constantes a dimensão e a velocidade das partículas, e depois repetido alterando a dimensão e a velocidade das partículas, mantendo constantes os outros parâmetros. Neste estudo, em primeiro lugar, a lama da primeira dimensão de partícula é preparada em três concentrações diferentes, nomeadamente 10%, 20% e 30%, mantendo-se a velocidade constante para cada concentração. Repetiu-se o procedimento para outras velocidades e dimensões de partículas diferentes. As experiências foram realizadas para materiais de aço macio e latão, e os desgastes medidos são representados em vários gráficos na secção de resultados e discussão.

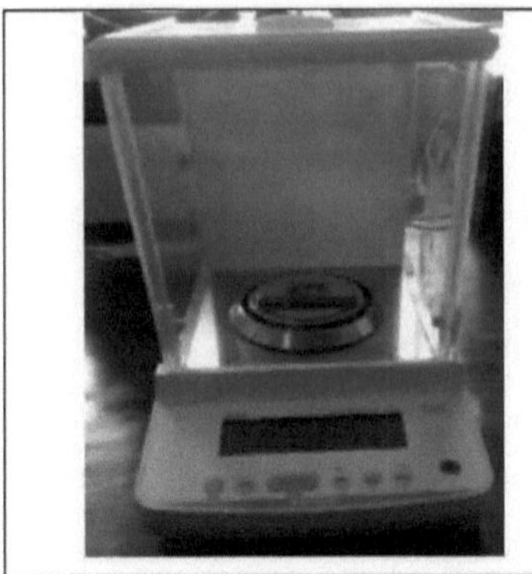	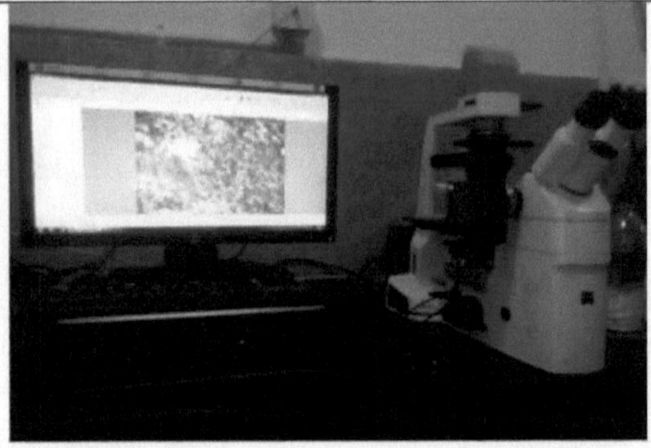
Figure 2.13: Electronic weighing machine	**Figure 2.14: Zeiss Axio Vert. A1 inverted microscope**

Observação microscópica da superfície do provete

Depois de enxaguadas e secas, as amostras são observadas ao microscópio (microscópio invertido Zeiss Axio Vert. A1, figura 2.14), disponível no departamento de metalurgia do NIT Raipur. Quando as amostras são colocadas no microscópio invertido, os riscos são claramente visíveis na superfície. As observações foram efectuadas a 200X e 500X, e clicar na imagem em formato jpg.

CAPÍTULO - 3

RESULTADOS E DISCUSSÃO

As partículas erodentes são responsáveis pela erosão considerável dos materiais da tubagem, tal como se verificou nos ensaios de erosão, uma vez que os materiais de ensaio enfrentam um forte impacto devido à rotação das partículas erodentes no interior do aparelho de ensaio de vasos, os materiais de ensaio perdem peso devido a vários tipos de mecanismos de desgaste.

No presente estudo, o desgaste por erosão é medido para amostras de aço macio e latão para as diferentes combinações de velocidade, tamanhos de partículas e concentração de sólidos para um fluxo quase paralelo. Em vez da perda de peso, a taxa de desgaste é calculada em mm/ano e tabelada. Um fluxo quase paralelo à superfície de desgaste é assegurado pela rotação da peça de desgaste, pelo que se pode esperar que a erosão se deva principalmente à ação de corte. Todos os resultados experimentais obtidos após 2 horas de experiência de cada amostra de lama são tabulados abaixo e estes resultados são representados num gráfico e são apresentados graficamente abaixo. Os valores experimentais são ajustados em linhas aproximadas.

Gupta et al. [1995] derivaram e **Goyal et al. [2014]** utilizaram a seguinte correlação para prever o desgaste por erosão utilizando dados experimentais.

[3.1]

Nesta equação existem quatro variáveis e quatro constantes k, a, b e c. Os valores das constantes dependem da natureza dos materiais de ensaio e das partículas erodentes. No presente estudo, procurou-se determinar os valores do expoente "k", "a", "b" e "c" a partir dos dados experimentais. Estes valores são obtidos a partir dos 36 pontos de dados gerados pelos ensaios de erosão com lama em amostras de aço macio e latão.

A análise mostra que a taxa de desgaste aumenta à medida que a velocidade, a concentração e o tamanho das partículas aumentam. A dependência do desgaste do fluxo paralelo da velocidade é muito maior em comparação com a concentração de sólidos e a dimensão das partículas.

3.1 EFEITO DA DISTRIBUIÇÃO DO TAMANHO DAS PARTÍCULAS E DA CONCENTRAÇÃO DE PARTÍCULAS DA LAMA NO DESGASTE EROSIVO DO MATERIAL

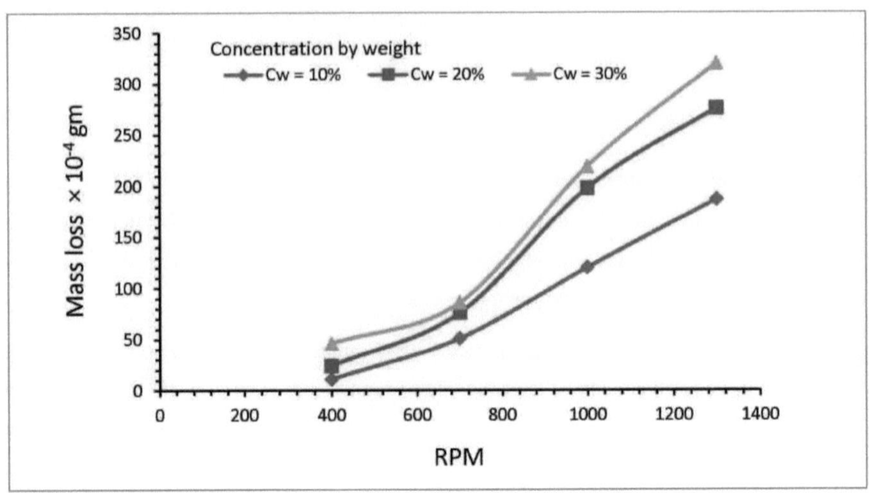

Figura 3.1: Erosão de aço macio durante 40 min (minério de ferro 252,2µm)

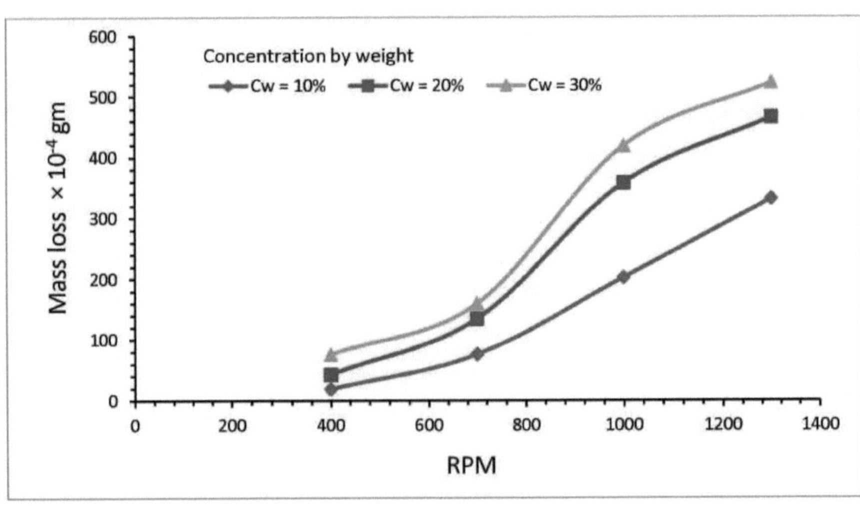

Figura 3.2: Erosão de aço macio durante 80 min (minério de ferro 252,2µm)

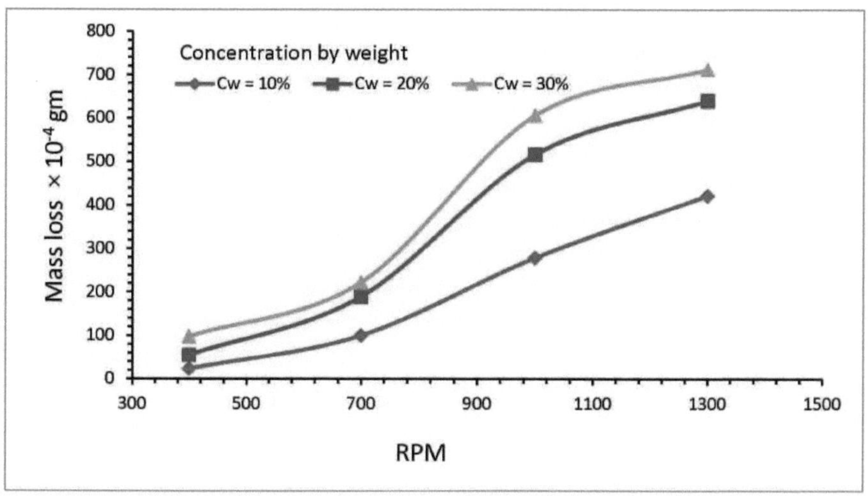

Figura 3.3: Erosão de aço macio durante 120 min (minério de ferro 252,2µm).

A Figura 3.1, a Figura 3.2 e a Figura 3.3 mostram claramente que o desgaste do provete de ensaio aumenta com o aumento da concentração e da velocidade. À medida que o número de rotações do provete de ensaio aumenta, o movimento relativo entre o provete de ensaio e a lama também aumenta e, devido a este facto, as forças de impacto no material de ensaio aumentam, o que é responsável pelo desgaste do material de ensaio. Verifica-se que, à medida que a velocidade aumenta de 400 rpm para 1300 rpm, inicialmente de 400 rpm para 700 rpm a taxa de desgaste por erosão é baixa, e depois de 700 rpm para 1000 rpm a taxa de perda de massa aumenta para todos os 40 min, 80 min e 120 min de funcionamento da panela de lama,

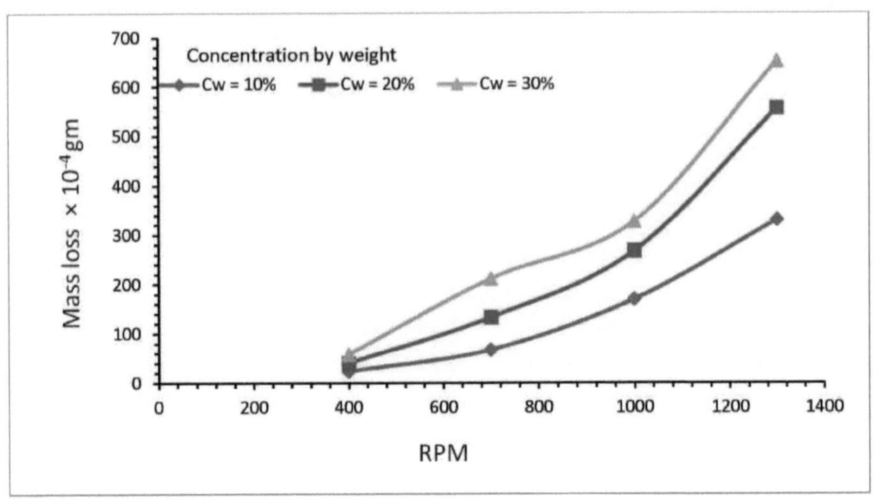

Figura 3.4: Erosão de aço macio durante 40 min (minério de ferro 505µm)

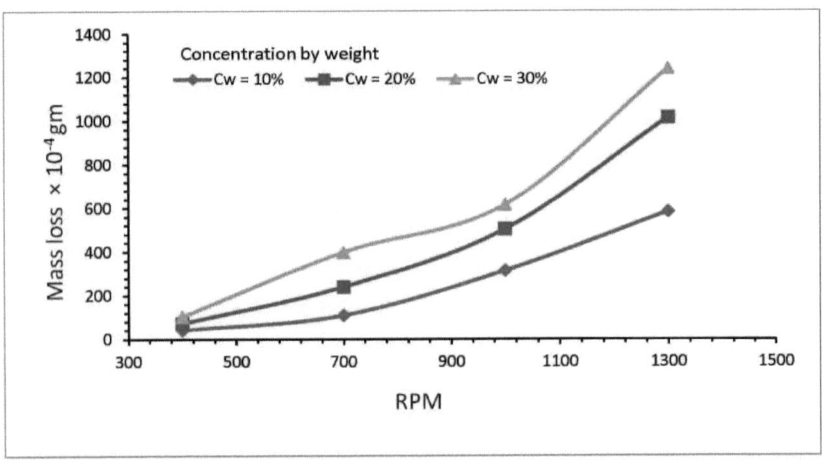

Figura 3.5: Erosão de aço macio durante 80 min (minério de ferro 505µm).

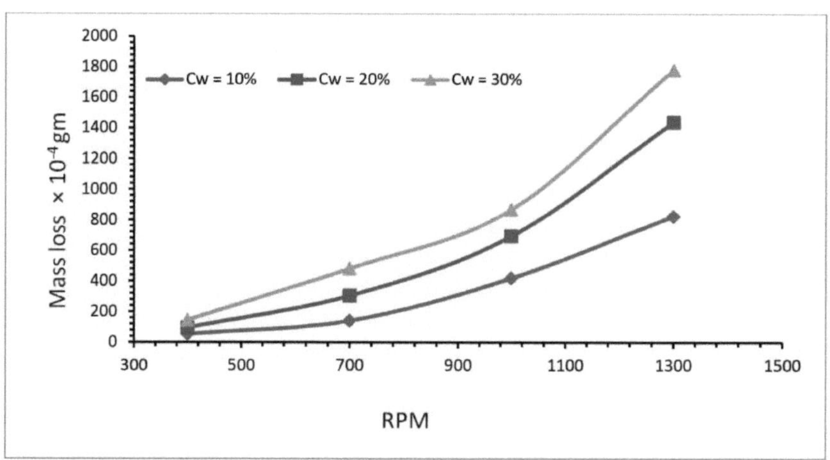

Figura 3.6: Erosão de aço macio durante 120 min (minério de ferro 505µm)

A Figura 3.4, a Figura 3.5 e a Figura 3.6 mostram a perda de massa do material de ensaio com minério de ferro de tamanho de partícula 505 µm. As figuras anteriores mostram claramente que a taxa de desgaste do material de ensaio aumenta com a velocidade e a concentração e é máxima no intervalo de 1000 rpm a 1300 rpm

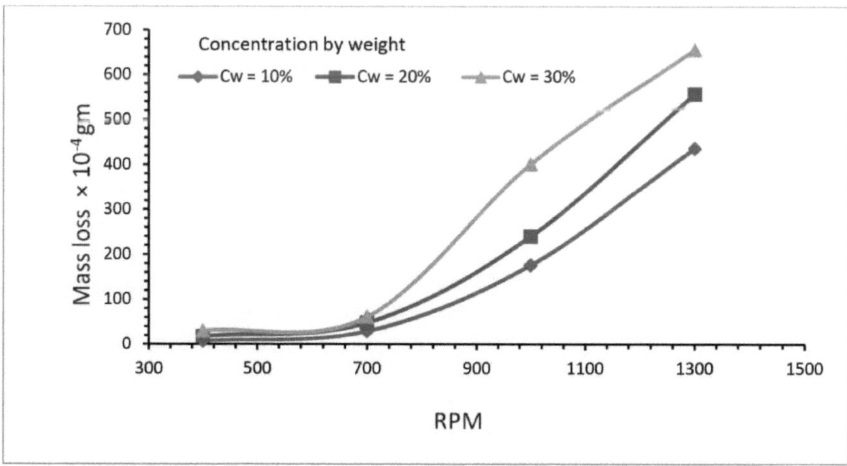

Figura 3.7: Erosão de aço macio durante 40 min (minério de ferro 1001,5µm)

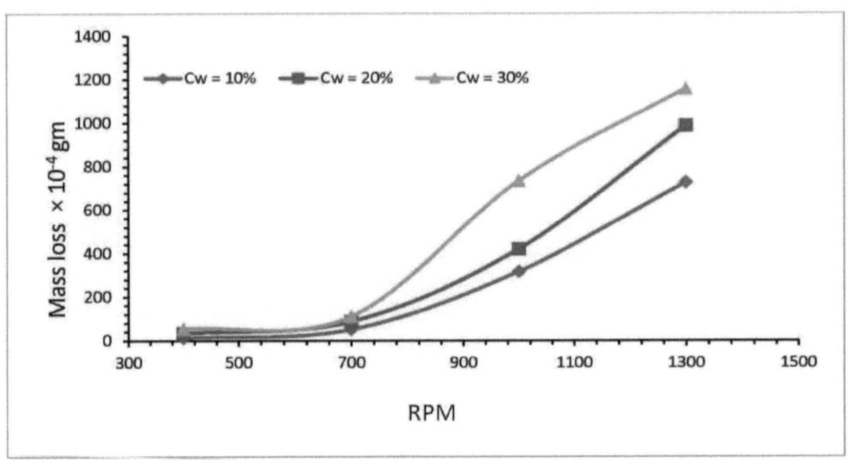

Figura 3.8: Erosão de aço macio durante 80 min (minério de ferro 1001,5µm)

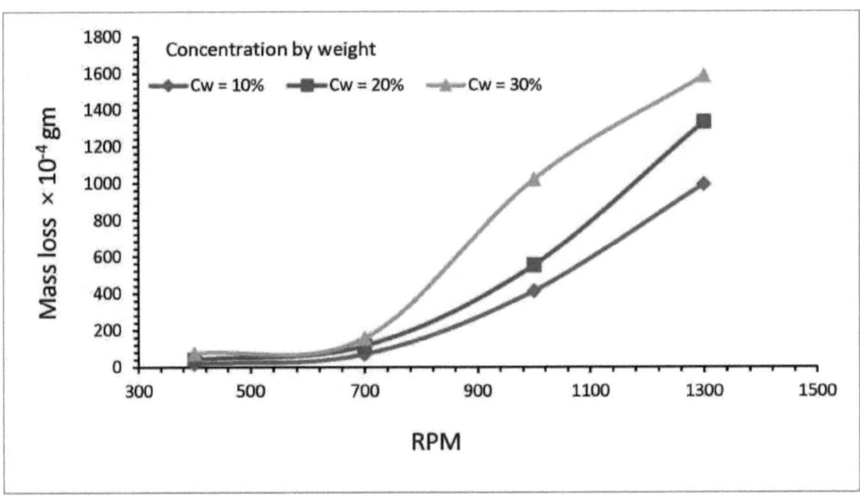

Figura 3.9: Erosão de aço macio durante 120 min (minério de ferro 1001,5µm)

A Figura 3.7, a Figura 3.8 e a Figura 3.9 mostram o desgaste do material de ensaio com minério de ferro de tamanho de partícula 1001,5 µm. A figura acima mostra claramente que a taxa de desgaste do material de ensaio é insignificante a uma velocidade inferior e é máxima no intervalo de 1000 rpm a 1300 rpm para todas as concentrações de 10%, 20% e 30% de lama. A velocidade da partícula de erodente tem uma grande importância no desgaste dos materiais de tubagem, como se pode ver na figura acima para o mesmo teste de 120 minutos, a taxa de desgaste é maior para a concentração de 30% em comparação com a concentração de 20% e 10%.

Verifica-se que a perda de massa aumenta com a dimensão das partículas, mas a influência da dimensão das partículas na taxa de desgaste do material de ensaio é menor em comparação com a concentração. A partir da Figura 3.3, da Figura 3.6 e da Figura 3.9, podemos facilmente observar que, para um tamanho de partícula mais elevado, 1001,5 µm com 400 rpm, a perda de massa é muito menor em comparação com o tamanho de partícula 252,5 µm e 505 µm. É certamente devido à diminuição do número de impactos das partículas erodentes no material de ensaio, porque as partículas de tamanho superior com uma massa mais pesada têm mais hipóteses de se depositarem do que as partículas de tamanho inferior a uma velocidade mais baixa.

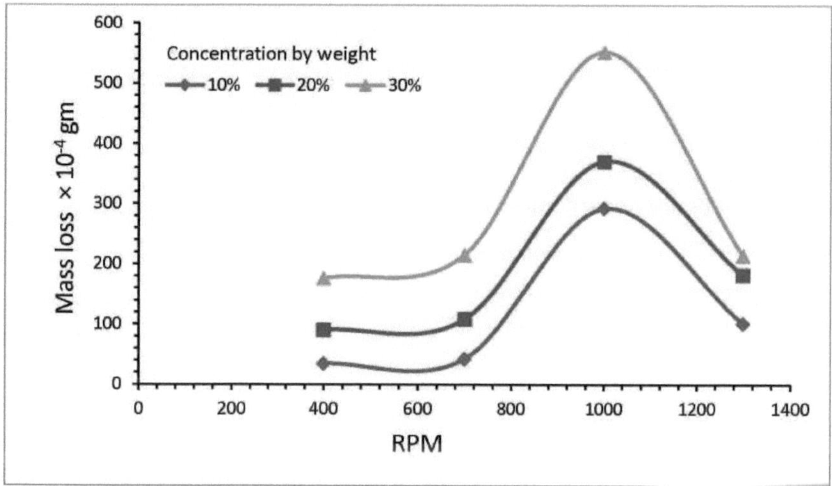

Figura 3.10: Erosão do aço macio durante 40 min (Carvão 252,2 µm)

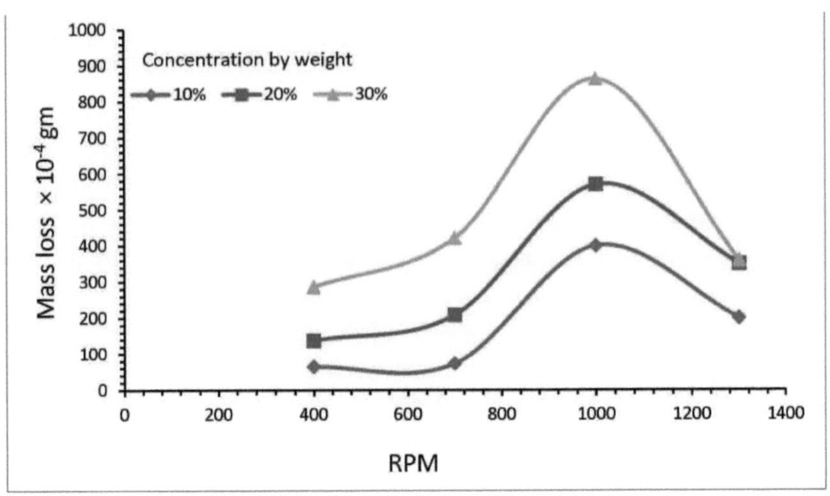

Figura 3.11: Erosão do aço macio durante 80 min (Carvão 252,2μm)

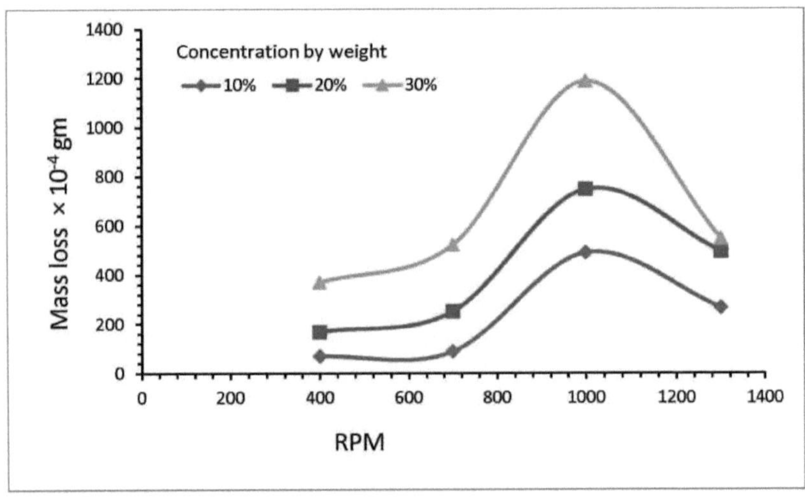

Figura 3.12: Erosão do aço macio durante 120 min (Carvão 252,2 μm)

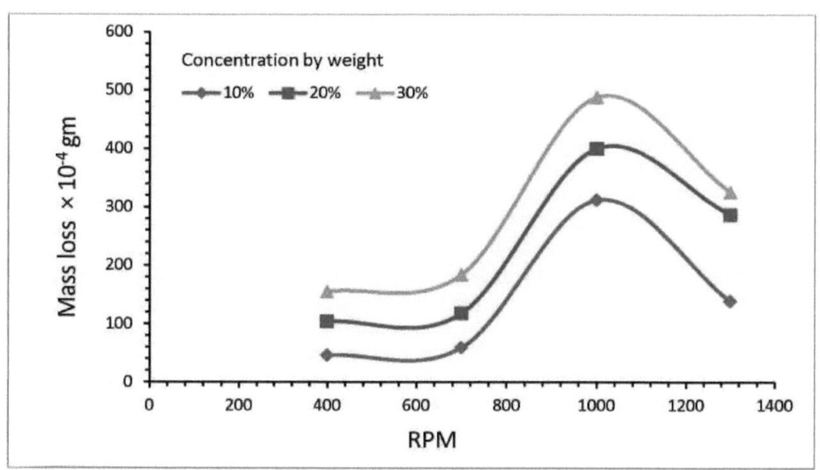

Figura 3.13: Erosão do aço macio durante 40 min (Carvão 505 µm)

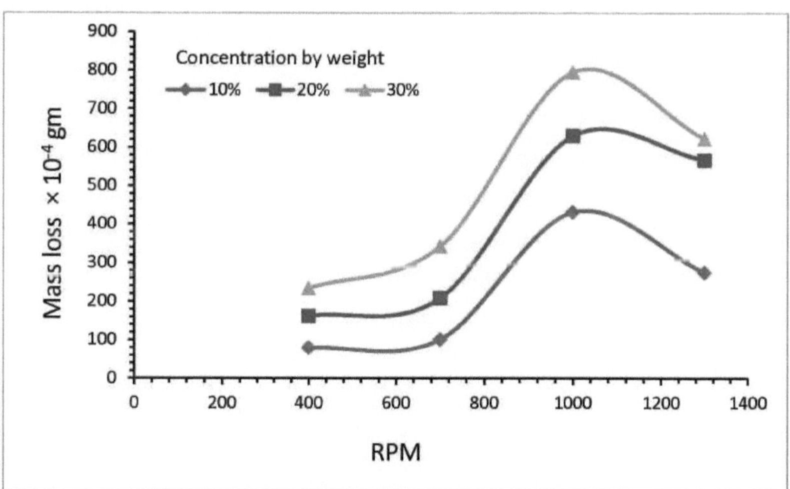

Figura 3.14: Erosão do aço macio durante 80 min (Carvão 505µm)

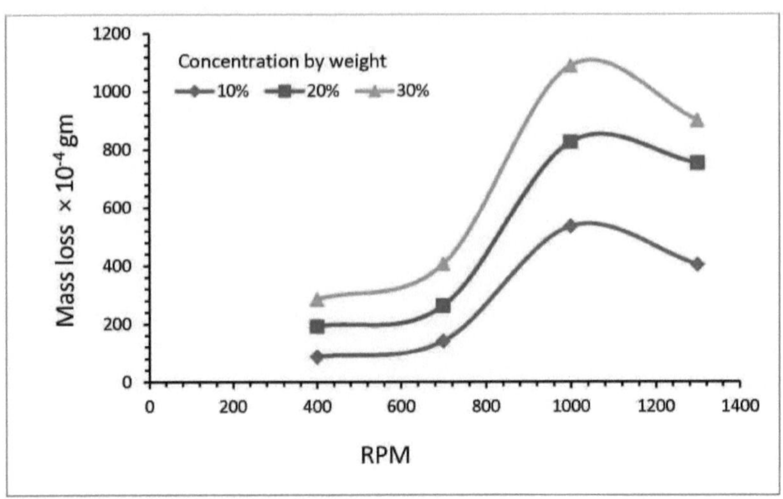

Figura 3.15: Erosão do aço macio durante 120 min (Carvão 505µm)

Da Figura 3.10 à Figura 3.15, podemos observar facilmente que a perda de massa aumenta com o aumento da concentração e também se verifica que a taxa de desgaste é máxima no intervalo de 700 rpm a 1000 rpm, mas há uma queda súbita na perda de massa no intervalo de 1000 rpm a 1300 rpm. Isto pode dever-se à diminuição do momento médio das partículas de erodent porque, a uma velocidade mais elevada, o movimento entre partículas é muito aleatório e altamente perturbado e, devido a isso, há mais colisões entre partículas, o que provoca uma diminuição do momento médio das partículas de erodent, o que pode levar a uma diminuição do número de partículas que colidem por unidade de tempo com o material de ensaio e, finalmente, a uma diminuição da taxa de desgaste a uma velocidade mais elevada. Além disso, a uma velocidade mais elevada, a temperatura da lama também é mais elevada, o que provoca alterações metalúrgicas nas propriedades do provete de ensaio, o que pode resultar em alterações na mecânica da erosão.

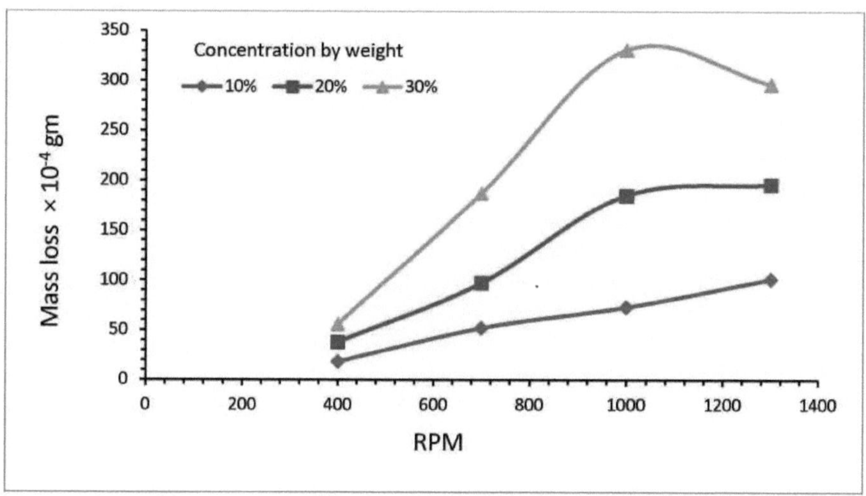

Figura 3.16: Erosão do aço macio durante 40 minutos (Carvão 1001,5µm)

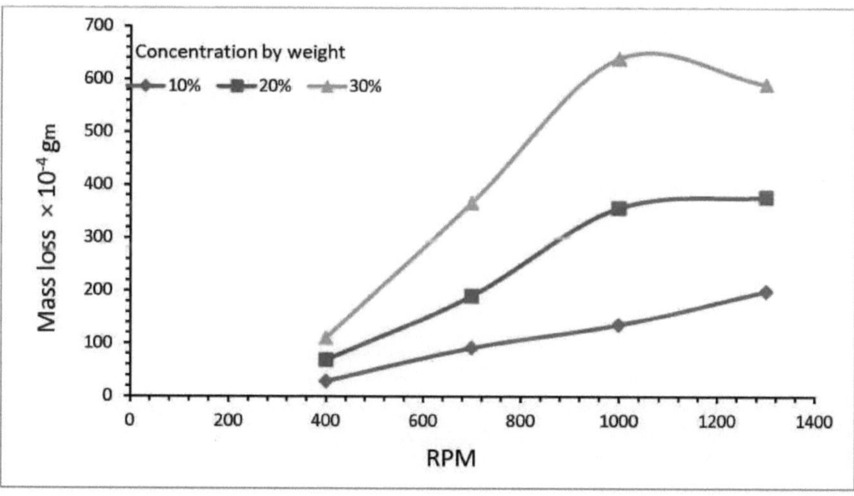

Figura 3.17: Erosão do aço macio durante 80 min (Carvão 1001,5µm)

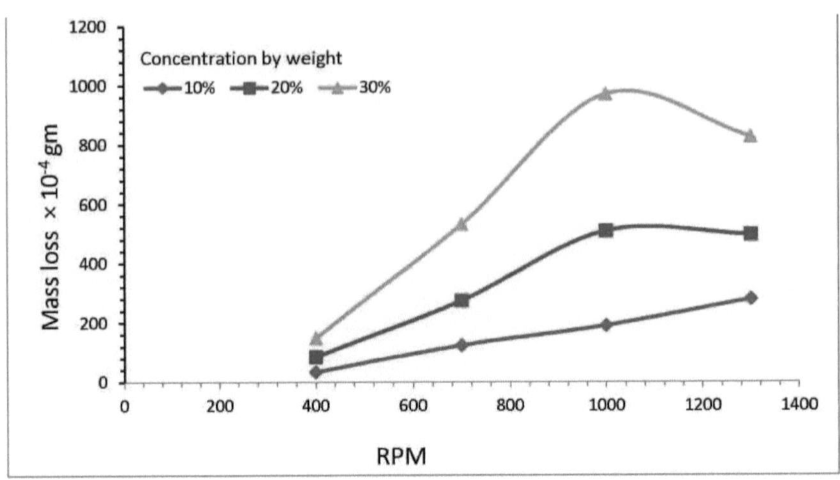

Figura 3.18: Erosão do aço macio durante 120 min (Carvão 1001,5µm)

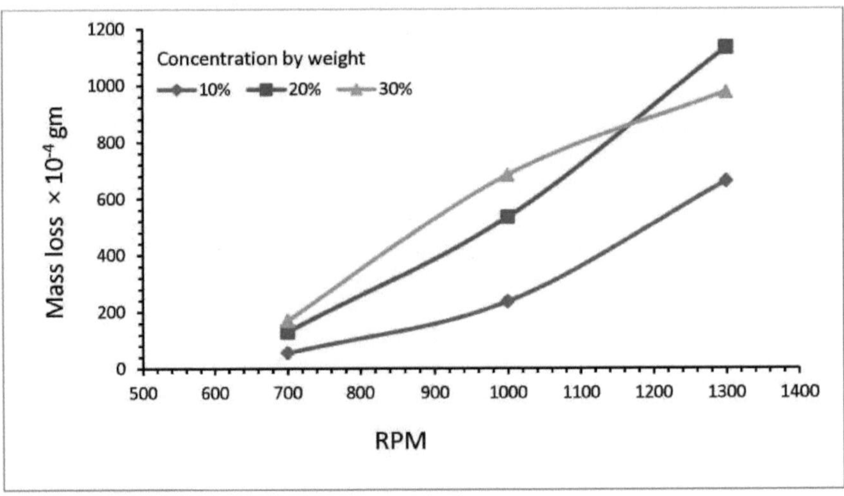

Figura 3.19: Erosão do latão durante 60 min (areia 277,15µm)

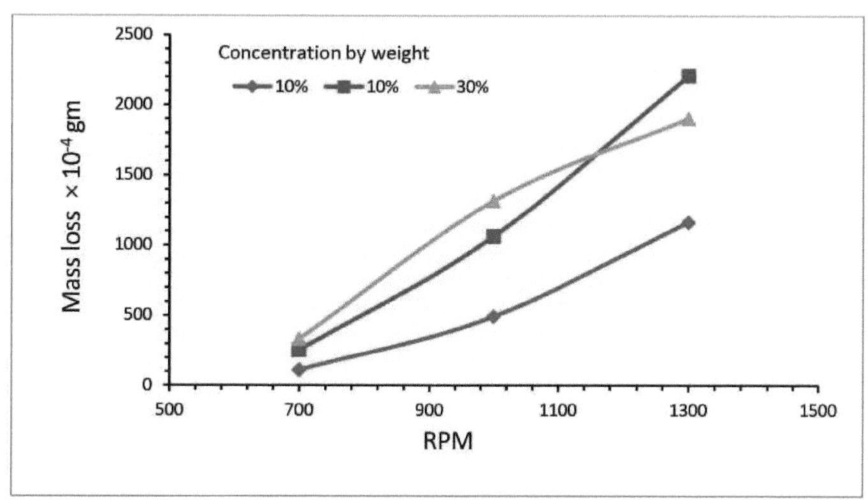

Figura 3.20: Erosão do latão durante 120 min (areia277,15µm)

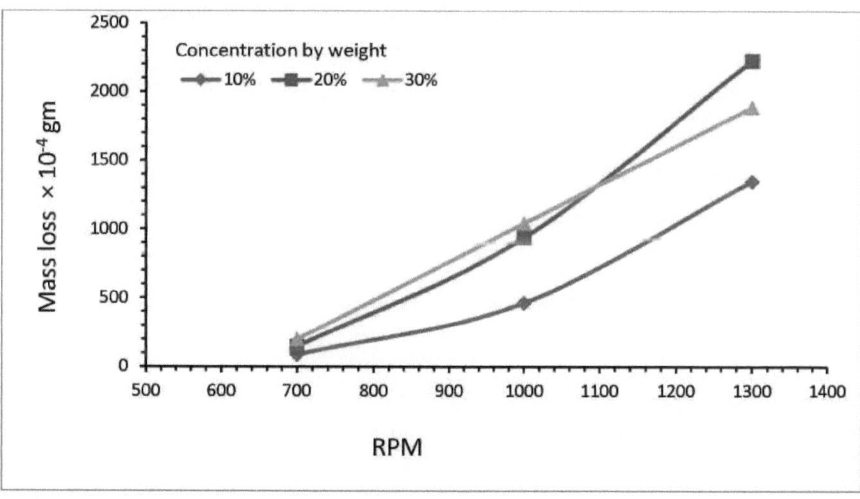

Figura 3.21: Erosão do latão durante 60 min (areia 576,25µm)

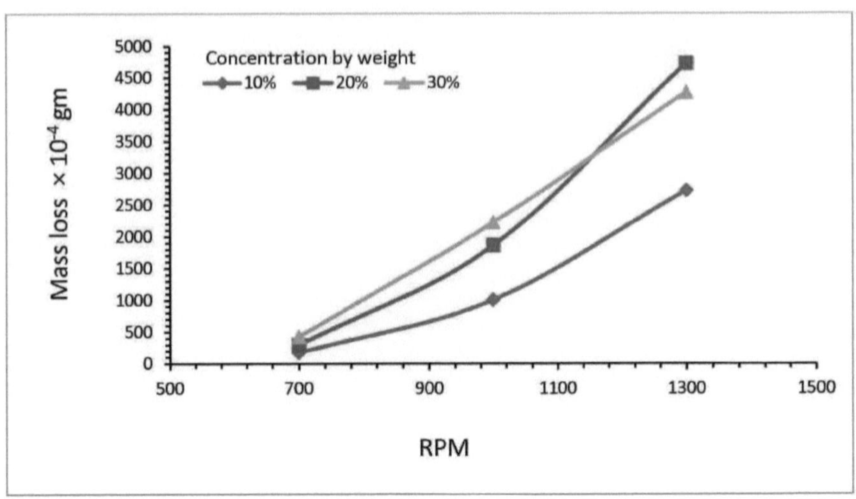

Figura 3.22: Erosão do latão durante 120 min (areia 576,25µm)

As Figuras 3.19 a 3.22 mostram o desgaste do material de latão com partículas de areia. Verifica-se mais uma vez que a perda de massa aumenta com o aumento da velocidade e da concentração e podemos facilmente observar que a taxa de desgaste a uma velocidade superior (1300 rpm) para uma concentração de 30% é menor em comparação com uma concentração de 20%. Isto pode dever-se ao efeito de colisão entre partículas, que pode levar à diminuição do momento médio das partículas erodentes a uma velocidade e concentração mais elevadas e, finalmente, à diminuição da perda de massa do material de ensaio.

3.2 EFEITO DA TEMPERATURA DA LAMA NO DESGASTE POR EROSÃO

As figuras 3.23 e 3.24 mostram o efeito da temperatura na erosão do material de latão com lama de areia e água. É evidente que a perda de massa diminui com o aumento da temperatura, o que se deve certamente à alteração das propriedades metalúrgicas do material de ensaio a uma temperatura mais elevada. Foi observado que a diminuição da perda de massa é muito insignificante.

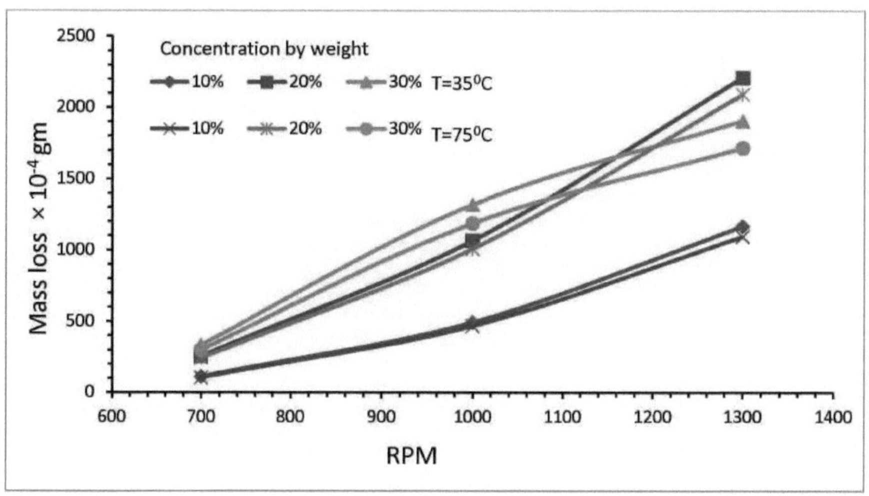

Figura 3.23: Efeito da temperatura na erosão do latão durante 120 min (areia 277,15µm)

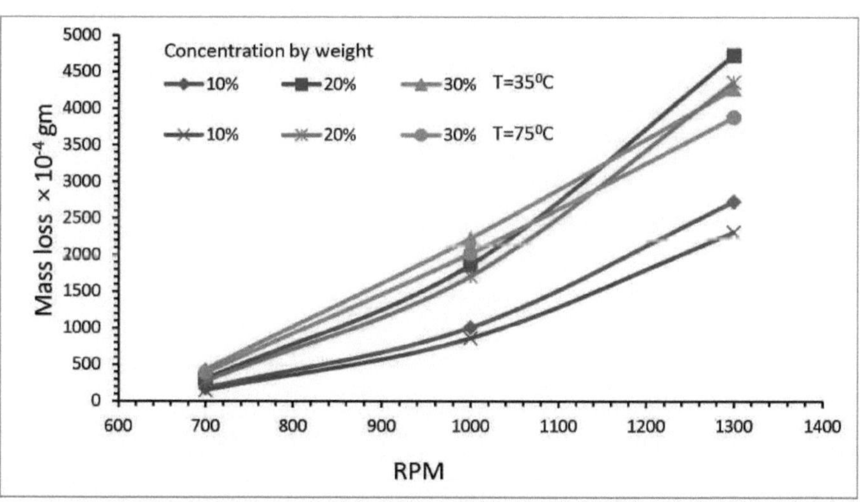

Figura 3.24: Efeito da temperatura na erosão do latão durante 120 min (areia 576,25µm)

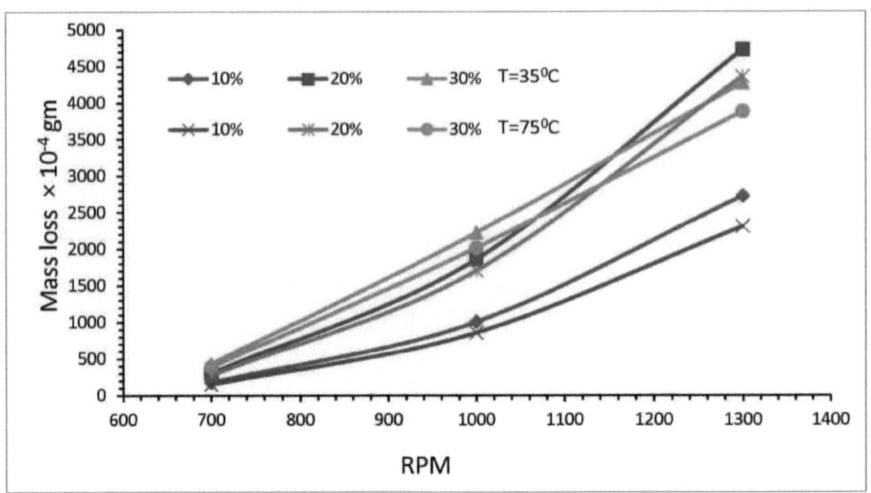

Figura 3.25: Erosão de aço macio com minério de ferro a 30% de concentração (252,2 µm)

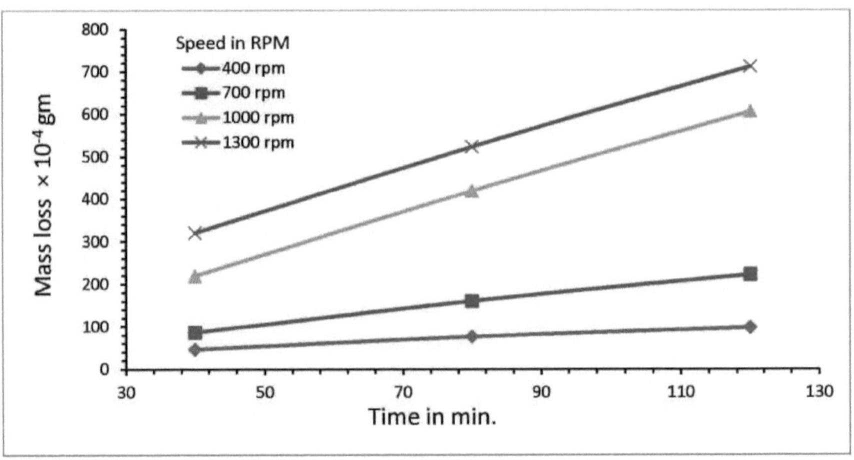

Figura 3.26: Erosão de aço macio com minério de ferro a 30% de concentração (505 µm)

3.3 EFEITO DA VELOCIDADE DE ROTAÇÃO DO PROVETE PARA VÁRIOS LAMA NO DESGASTE POR EROSÃO DO MATERIAL DO PROVETE

As Figuras 6.25, 6.27 e 6.28 mostram a variação da erosão do material de ensaio com o tempo para uma concentração de 30% a quatro velocidades (nomeadamente 400, 700, 1000 e 1300 rpm) para uma granulometria de minério de ferro de 252,2, 505 e 1001,5µm. Verifica-se que, para uma dada concentração, o desgaste por erosão aumenta com o aumento da velocidade e é quase linear com o tempo.

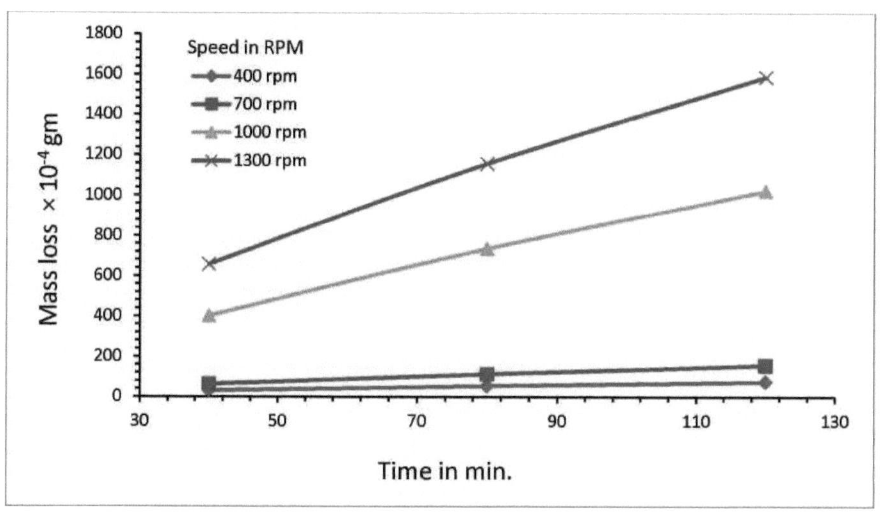

Figura 3.27: Erosão de aço macio com minério de ferro a 30% de concentração (1001,5 µm)

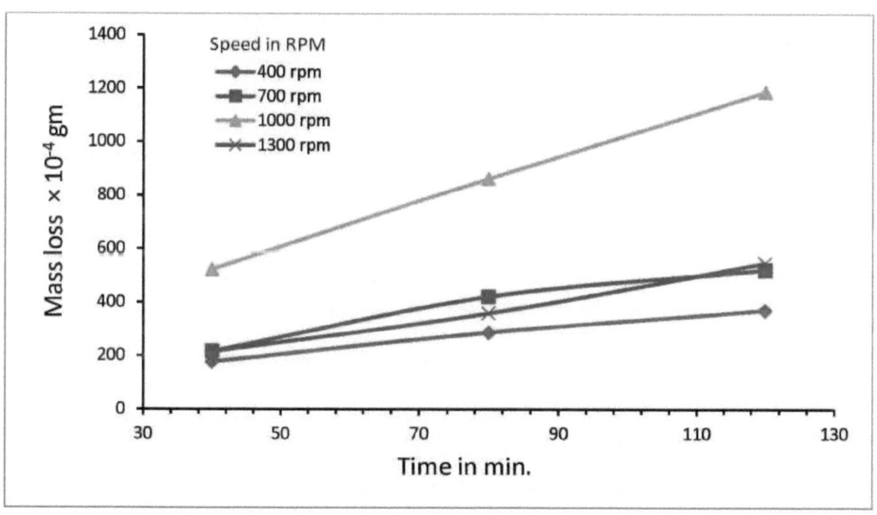

Figura 3.28: Erosão de aço macio com carvão a 30% de concentração (252,2 µm)

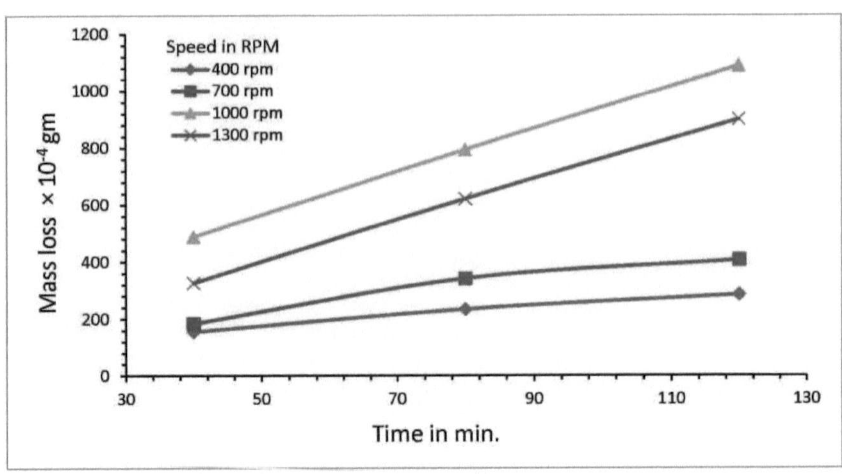

Figura 3.29: Erosão de aço macio com carvão a 30% de concentração (505 µm)

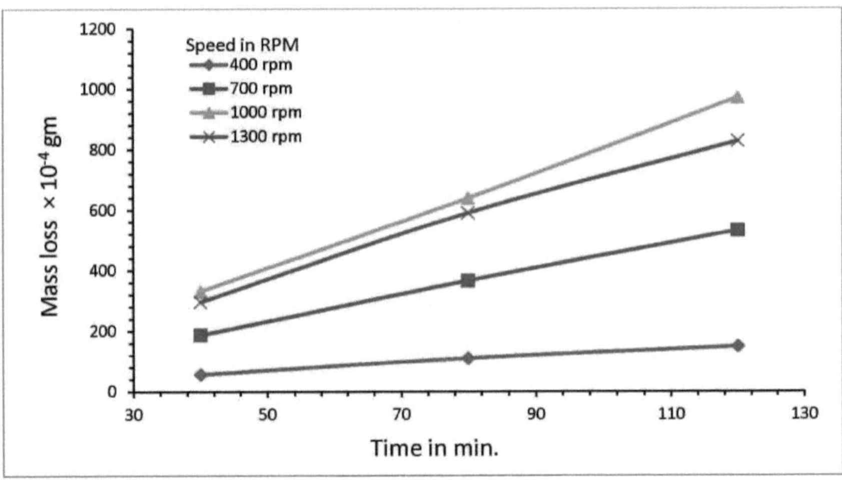

Figura 3.30: Erosão de aço macio com carvão a 30% de concentração (1001,5 µm)

4.4 DESENVOLVIMENTO DA CORRELAÇÃO DA TAXA DE DESGASTE

Com base na experiência, foi tentada uma correlação simplificada na forma da Eq. [6.2] utilizando todos os pontos de dados. Os valores das constantes na Eq. [6.2] foram obtidos utilizando o método dos mínimos quadrados.

Forma logarítmica da equação [3.1]

$$\ln E_w = \ln k + a\ln V + b\ln d + c\ln C_w \qquad [3.2]$$

Assumir,

$\ln E_w$ = Y, $\ln k$ = K, $\ln V$ = X, $\ln d$ = Z and $\ln C_w = W$

Agora, podemos escrever a Eq. [6.2]

$$Y = K + aX + bZ + cW \qquad [3.3]$$

O valor da constante *K, a,b* e *c* pode ser determinado através da aplicação do método dos mínimos quadrados.

Aplicar o método dos mínimos quadrados na equação n.º [6.3], então

$$\Sigma Y = nK + a\Sigma X + b\Sigma Z + c\Sigma W \qquad [3.4]$$

$$\Sigma XY = K\Sigma X + a\Sigma X^2 + b\Sigma XZ + c\Sigma XW \qquad [3.5]$$

$$\Sigma ZY = K\Sigma Z + a\Sigma XZ + b\Sigma Z^2 + c\Sigma ZW \qquad [3.6]$$

$$\Sigma WY = K\Sigma W + a\Sigma XW + b\Sigma ZW + c\Sigma W^2 \qquad [3.7]$$

Calcular todos os valores da variável a partir das tabelas e colocar os valores nas equações acima.

$$35.21387 = 36K + 16.14185a - 24.7108b - 61.3919c \qquad [3.8]$$

$$34.4352 = 16.14185K + 14.2165a - 11.0799b - 27.5272c \qquad [3.9]$$

$$-23.3596 = -24.7108K - 11.0799a + 28.3723b + 42.1401c \qquad [3.10]$$

$$-53.865 = -61.3919K - 27.5272a + 42.1407b + 112.1009c \qquad [3.11]$$

Agora, a equação final generalizada de desgaste obtida para o fluxo paralelo de pasta de minério de ferro-água para aço macio é

$$\left[(E_{w,ms})_{iron\ ore} = 3.505\ V^{2.6718}\ d^{0.0711}\ C_w^{0.8351}\right] \qquad [3.12]$$

Este procedimento é repetido para a lama carvão-água

$$41.6601 = 36K + 16.14185a - 24.7108b - 61.3919c \quad [3.13]$$

$$28.2084 = 16.14185K + 14.2165a - 11.0799b - 27.5272c \quad [3.14]$$

$$-30.5958 = -24.7108K - 11.0799a + 28.3723b + 42.1401c \quad [3.15]$$

$$-62.9352 = -61.3919K - 27.5272a + 42.1407b + 112.1009c \quad [3.16]$$

e outra equação final generalizada de desgaste obtida para o fluxo paralelo de **lama carvão-água** para **aço macio** é

$$\left[(E_{w,ms})_{Coal} = 9.897\, V^{1.3654}\, d^{-0.1753}\, C_w^{1.0951}\right] \quad [3.17]$$

Do mesmo modo, para o material **Brass**, calcular todos os valores da variável a partir das tabelas e colocar os valores nas equações acima

$$39.0986 = 18K + 12.053a - 16.5097b - 30.696c \quad [3.18]$$

$$30.6082 = 12.053K + 9.2294a - 11.0551b - 20.5544c \quad [3.19]$$

$$-33.9905 = -16.5097K - 11.0551a + 17.5539b + 28.1545c \quad [3.20]$$

$$-63.9366 = -30.696K - 20.5544a + 28.1545b + 56.05043c \quad [3.21]$$

Agora, a equação de desgaste generalizada obtida para o fluxo paralelo de **lama areia-água** é

$$\left[(E_{w,brass})_{sand} = 4.89\, V^{3.8214}\, d^{0.7760}\, C_w^{o.7397}\right] \quad [3.22]$$

O desgaste do aço macio e do latão é investigado ao microscópio para ver os riscos na superfície da peça, que podem ser visualizados nas figuras 3.31 - 3.36.

Figura 3.31: Imagem microscópica do aço macio, durante 120 min a 1300 rpm, utilizando uma concentração de 10% de lama de carvão

Figura 3.32: Imagem microscópica do aço macio, durante 120 min a 1300 rpm, utilizando uma concentração de 20% de lama de carvão

Figura 3.33: Imagem microscópica do aço macio, durante 120 min a 1300 rpm, utilizando uma concentração de 30% de lama de carvão

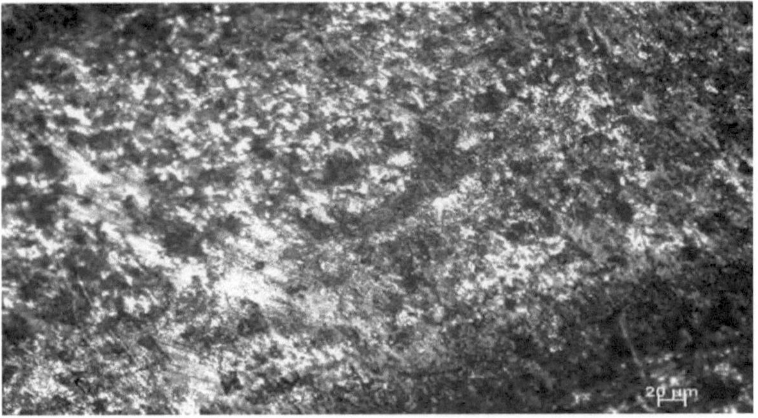

Figura 3.34: Imagem microscópica do aço macio, durante 120 min a 1300 rpm, utilizando uma concentração de 10% de lama de minério de ferro

Figura 3.35: Imagem microscópica do aço macio, durante 120 min a 1300 rpm, utilizando uma concentração de 20% de lama de minério de ferro

Figura 3.36: Imagem microscópica do aço macio, durante 120 min a 1300 rpm, utilizando uma concentração de 30% de lama de carvão

CAPÍTULO - 4

CONCLUSÃO E ÂMBITO FUTURO

4.1 CONCLUSÃO

No presente trabalho, foram efectuadas investigações sobre os parâmetros que afectam o desgaste por erosão dos materiais das condutas de lamas e os resultados da perda de peso obtidos são utilizados para desenvolver uma correlação generalizada utilizando o método dos mínimos quadrados. O aço macio e o latão são utilizados para estudar o desgaste por erosão e o minério de ferro, o carvão e a areia são tomados como meio erodente, e o aparelho de ensaio de erosão de lamas é utilizado para efetuar os ensaios de erosão. A partir da presente investigação e análise, são retiradas as seguintes conclusões

- O desgaste por erosão devido ao escoamento paralelo à parede tem uma maior dependência da velocidade do que da concentração de sólidos e da dimensão das partículas

- O fenómeno de desgaste é principalmente devido à ação de arranhar ou cortar das partículas de lama, como é evidente nas fotografias da superfície de desgaste.

- A erosão do aço macio para minério de ferro (252,5 µm) é maior entre 700 e 1000 rpm, mas com o aumento do tamanho das partículas (*505* µm, 1001,5 *µm*) a perda de massa é muito maior entre 1000 e 1300 rpm.

- A erosão do aço macio para o carvão é máxima entre 700 e 1000 rpm para todas as dimensões de partículas. A 1300 rpm, a perda de massa do material de aço macio com a lama de água de minério de ferro é superior à da lama de água de carvão.

- A escolha da velocidade óptima, da concentração de sólidos e da dimensão das partículas está sujeita ao custo de bombagem da lama e à vida útil do material da conduta. O desgaste por erosão do material de aço macio devido à lama de água de minério de ferro depende mais da velocidade do que da lama de água de carvão.

- Os efeitos da concentração no desgaste por erosão são maiores do que o tamanho das partículas.

- A taxa de desgaste do material de latão diminui com o aumento da temperatura e é muito insignificante.

- O desgaste do material de ensaio aumenta com o tempo e é quase linear.

4.2 ÂMBITO DO TRABALHO FUTURO

- O estudo necessita de uma abordagem mais sistemática e de atenção para lidar com os problemas de desgaste por erosão do material das condutas, podendo ser utilizados diferentes tipos de aparelhos de ensaio de erosão para determinar a melhoria dos resultados do desgaste por erosão.

- Cada experiência pode ser repetida duas ou três vezes para obter resultados mais precisos.

- A experiência pode ser realizada em várias concentrações e tamanhos de partículas, preparando diferentes tipos de lama com diferentes tipos de material.

- A experiência pode ser efectuada a várias temperaturas.

- A experiência pode ser efectuada em vários ângulos de impacto

REFERÊNCIAS

[1] Gupta, R.; Singh, S.N.; Seshadri, V. Accelerated wear rate test rig for the predicting of erosion in slurry pipelines, 19th NCFMFP, , IIT, Bombay, pp. Cl-l - Cl-4 (1992).

[2] Gandhi, B.K.; Singh, S.N.; Seshadri. V. Development of a test facility for the study of cutting wear in solid-liquid flows (Desenvolvimento de uma instalação de ensaio para o estudo do desgaste de corte em fluxos sólido-líquido). Actas da 24ª Conferência Nacional de Mecânica dos Fluidos e Energia dos Fluidos, Calcutá, pp. C41-C45 (1997)

[3] Desale, G.R.; Gandhi, B.K.; Jain, S.C. (2006) Effect of Erodent Properties on Erosion Wear of Ductile Type Materials. *Wear*, 261: 914-921.

[4] Bain, A.G.; Bonnington, S.T. The Hydraulic Transport of Solids by Pipeline, 1ª Edição, Pergamon, Oxford, pp. 131-136 (1970).

[5] Karabelas,A.J. An experimental study of pipe erosion by turbulent slurry flow, in Proc. HT5, BHRA, Cranfield, UK, PaperE2, pp. E 15-E24. (1978).

[6] Elkholy, A. Prediction of abrasion wear for slurry pump materials, Wear, 84:39-49 (1983).

[7] Gandhi, B.K. Studies on performance and wear characteristics of centrifugal slurry pumps handling multi-sized concentrated particulate slurries. Tese de doutoramento, Indian Institute of Technology Delhi, 1998.

[8] Wang, Y.; Yang, Y.; Yan, M.F. (2007) Microestruturas, Dureza, e Comportamento de Erosão de Revestimentos de NiAl com Céria Diferente Pulverizados e Tratados Termicamente. Wear, 263: 371-378.

[9] slurry abrasion response of En-31 steel, Departamento de Engenharia Metalúrgica e de Materiais, Instituto Nacional de Tecnologia Visvesvaraya (VNIT).

[10] Bree, S.E.M.; de Rosenbrand, W.F.; de Gee A.W.J. On the erosion resistance in water-sand mixtures of steels for application in slurry pipelines. Hydrotransport-8. BHRA Fluid Engineering, Joanesburgo (SA), Documento G3, 1982.

[11] Trustcott, G.F. Wear in pumps and pipelines (Desgaste em bombas e tubagens). Em: Gittins, L. editor. BHRA Information Series No. 1. Cranfield (UK): BHRA Fluid Engineering Publication, p. 1-22.(1980).

[12] Tarjan, I.; Debreczeni, E. Theoretical and experimental investigation on the wear of pipeline caused by hydraulic transport, in Coles, N.G.; Hemmings, S.K. (eds.), Proc. 2nd Int. Conf. on Hydraulic Transport of Solids in Pipes, BHRA, Cranfield, UK, pp. l-14.(1972).

[13] Altaweel, A Erosion of materials using re-circulated coal-liquid mixtures, Rep. Atlantic Research Laboratory and the National Research Council of Canada. Universidade da Nova Escócia, Halifax, NS, 1982.

[14] James, J.G.; Broad, B.A. Wear in slurry pipelines: experiências com espécimes de 38 mm de diâmetro num equipamento de teste de circuito fechado. TRRL Suppl. Rep. 773, 1983.

[15] Rabinowicz, E. Friction and wear of materials (Atrito e desgaste de materiais). New York: John Wiley, 1963.

[16] Tsai, W.; Humphrey, J.A.C.; Carnet, I.; Levy, A.V. Medição experimental da erosão acelerada num aparelho de ensaio de vasos de lama. Wear; 68:289-303. (1981).

[17] Finnie, I. Erosão de superfícies por partículas sólidas. Wear; 3:87-103(1960).

[18] Clark. H. M. The influence of flow field in slurry erosion (A influência do campo de fluxo na erosão da lama). Wear; 152: 223-40(1993).

[19] Bain, A.G.; Bonnington, S.T. The hydraulic transport of solids by pipeline. Oxford: Pergamon Press, 1970.

[20] Levy, A.V.; Hickey, G. Liquid-solid particle slurry erosion of steels. Wear;117:129- 46(1987).

[21] Shook, C.A.; Mckibben, M.; Small, M. Experimental investigation of some hydrodynamic factors affecting slurry pipeline wall erosion, Canadian *J. Chem. Eng.,* 68:17-23(1990).

[23] Truscott, G.F. A literature survey on wear on pipelines, BHRA Fluid Engineering, Cranlield Publ., Cranfield, UK, TN 129.5, 197.5.

[24] Govier, G.W.; Aziz, K. The flow of complex mixtures in pipes. Nova Iorque: Van Nostrand Reinhold Company, 1972.

Printed by Books on Demand GmbH, Norderstedt / Germany